Life Cycles
Everything from
Start to Finish

［圖解］
生命的循環
大百科

萬物的起始與終點

DK Penguin Random House

知識館038

【圖解】生命的循環大百科：
萬物的起始與終點

Life Cycles: Everything from Start to Finish

作　　　　者	DK出版社編輯群
繪　　　　者	山姆・福克納（Sam Falconer）
譯　　　　者	黃于薇
語　文　審　定	江松哲（頑皮世界野生動物園動物部組長）・ 陳資翰（臺北市立大學歷史與地理學系）
封　面　設　計	張天薪
內　文　排　版	李京蓉
責　任　編　輯	洪尚鈴
行　銷　企　劃	蔡雨庭・黃安汝
出 版 一 部 總 編 輯	紀欣怡

出　版　發　行	采實文化事業股份有限公司
執　行　副　總	張純鐘
業　務　發　行	張世明・林踏欣・林坤蓉・王貞玉
國　際　版　權	劉靜茹
印　務　採　購	曾玉霞
會　計　行　政	李韶婉・許俍瑀・張婕莛
法　律　顧　問	第一國際法律事務所　余淑杏律師
電　子　信　箱	acme@acmebook.com.tw
采　實　官　網	www.acmebook.com.tw
采　實　臉　書	www.facebook.com/acmebook01
采 實 童 書 粉 絲 團	https://www.facebook.com/acmestory/

I　S　B　N	978-626-349-937-9
定　　　　價	650元
初　版　一　刷	2025年4月
劃　撥　帳　號	50148859
劃　撥　戶　名	采實文化事業股份有限公司 104 臺北市中山區南京東路二段 95號 9樓 電話：02-2511-9798　傳真：02-2571-3298

國家圖書館出版品預行編目(CIP)資料

【圖解】生命的循環大百科：萬物的起始與終點/DK出版社作；山姆.福克納(Sam Falconer)繪；黃于薇譯. -- 初版. -- 臺北市：采實文化事業股份有限公司, 2025.04
152面；23.5×28.7公分. -- (知識館；38)
譯自：Life cycles : everything from start to finish
ISBN 978-626-349-937-9(精裝)

1.CST: 生命週期 2.CST: 生命科學 3.CST: 地球科學

361.1　　　　　　　　　　　　　　　　114001572

Original Title: Life Cycles: Everything From Start to Finish
Copyright © Dorling Kindersley Limited, 2020
A Penguin Random House Company

版權所有，未經同意不得
重製、轉載、翻印

www.dk.com

Life Cycles
Everything from Start to Finish

［圖解］
生命的循環
大百科

萬物的起始與終點

目錄

6 什麼是生命週期？

太空 Space

10 宇宙
12 恆星
14 太陽系
16 月球
18 彗星

地球 Earth

22 大陸
24 岩石
26 化石
28 山
30 火山
32 水
34 龍捲風
36 河流
38 冰山
40 碳
42 地球上的生物
46 變形蟲

植物與真菌 Plants and Fungi

50 從孢子到種子
52 蕈菇
54 巨型紅杉
56 椰子樹
58 蘭花
60 蒲公英
62 橡樹
64 捕蠅草
66 大王花

動物 Animals

- 70　章魚
- 72　珊瑚
- 74　蚯蚓
- 76　蜘蛛
- 78　螞蟻
- 80　蝴蝶
- 82　蜻蜓
- 84　螳螂
- 86　水中的生物
- 88　鯊魚
- 90　鮭魚
- 92　海馬
- 94　蛙類
- 96　不同時代的恐龍
- 98　恐龍
- 100　翼龍
- 102　海龜
- 104　蛇
- 106　蜥蜴
- 108　企鵝
- 110　信天翁
- 112　燕子

- 114　園丁鳥
- 116　海豚
- 118　袋鼠
- 120　息息相關的世界
- 122　斑馬
- 124　北極熊
- 126　裸鼴鼠
- 128　蝙蝠
- 130　紅毛猩猩
- 132　不同時代的人類
- 134　人類
- 136　人類對地球生物的影響

- 138　詞彙表
- 140　索引
- 144　致謝

動物一章依下列順序排列：無脊椎動物、魚類、兩棲類、爬蟲類、鳥類和哺乳類。

什麼是生命週期？

鳥類還有大多數的爬蟲類和兩棲類會產下受精卵（蛋），在母親的身體外面發育。

生命會不斷變化，不過有規律可循。所有的生物都會成長、繁殖，然後死亡，我們人類也不例外。從山巒、岩石和河流，到行星、彗星和恆星，即使不是生物，也會重複某些規律。對於這些規律的模式，我們就稱為生命週期。

不同的生命週期之間，其實息息相關。植物從土壤獲得養分和水，從陽光獲得能量。動物要吃植物或其他動物才會成長。許多植物是透過昆蟲等動物傳播花粉，才能產生種子並繁殖下一代。當動植物死亡時，遺骸會腐爛，化為土壤的一部分，滋養出新的植物。

發生在我們周遭的生命週期，看似會永無止盡的循環下去。萬物都會誕生、成長，然後分解、腐爛，以此達成平衡。不過，這些生命週期也可能禁不起破壞。無論是自然還是人為的變化，都可能擾亂生命週期。有些物種很脆弱，一旦生命週期被破壞，數量可能會大幅減少，甚至滅絕；而在演化的過程中，也會出現新的物種，但需要花上好幾百萬年的時間。

地球與太空

我們的地球不斷在變化。岩石慢慢被分解，經過循環形成新的岩石；水也會在海洋、天空和陸地之間循環。在太空中，由氣體和塵埃形成的彗星跟恆星，在燃燒殆盡之後，又會變回氣體和塵埃。

地球上的生命週期

對於已經存在138億年的宇宙來說，只不過是一瞬間。

有性生殖的生命週期

有性生殖需要兩個性別參與，也就是由雄性和雌性分別提供一個生殖細胞。雌性的卵細胞會與雄性的精細胞融合（結合），這個過程稱為受精。受精卵會發育成新的動物或植物。

以植物來說，當花粉（雄性的生殖細胞）讓雌性的卵細胞受精之後，就可以形成種子。每一粒種子，都是一株新植物的開始。

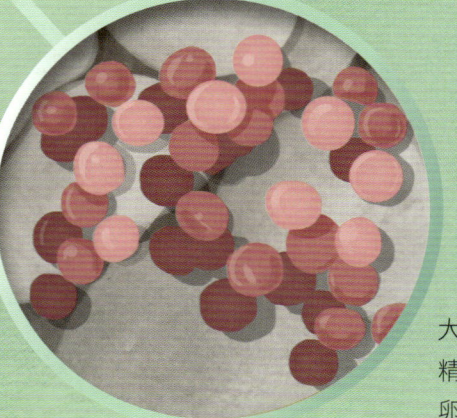

大多數魚類會將卵子或精子直接排放到水中，卵子就在水中受精。

真菌、苔蘚和蕨類植物是透過孢子繁殖，孢子跟種子很像，但是比較小，結構也比較簡單。

大多數的哺乳類動物，都是交配之後在母體內孕育胎兒，母獸再產下幼獸。

無性生殖的生命週期

有些植物和動物可以無性繁殖，只需要一個親代就能繁衍子代。幼體是由未受精卵發育而來，或是由親代的一小部分形成，會跟親代長得一模一樣，就像複製品。

蒲公英可以透過無性生殖產生種子，不需要授粉。

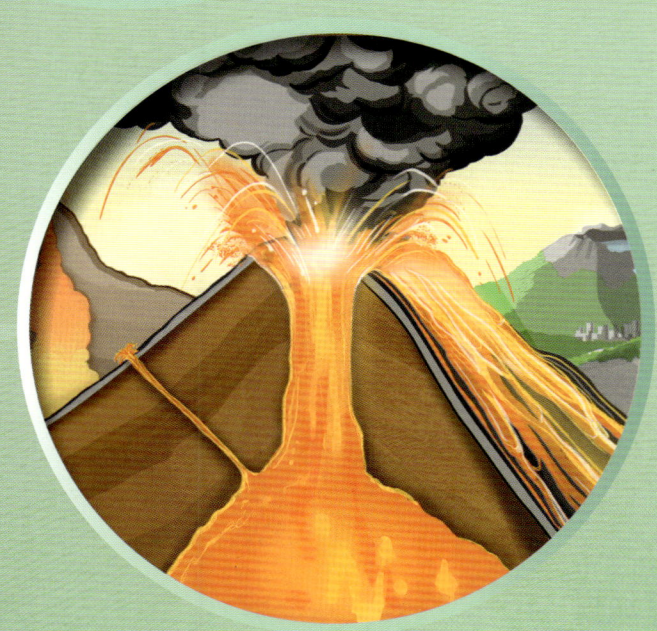

地底下會形成新的岩石；火山爆發時噴出地表的滾燙熔岩，在冷卻硬化之後也會形成岩石。

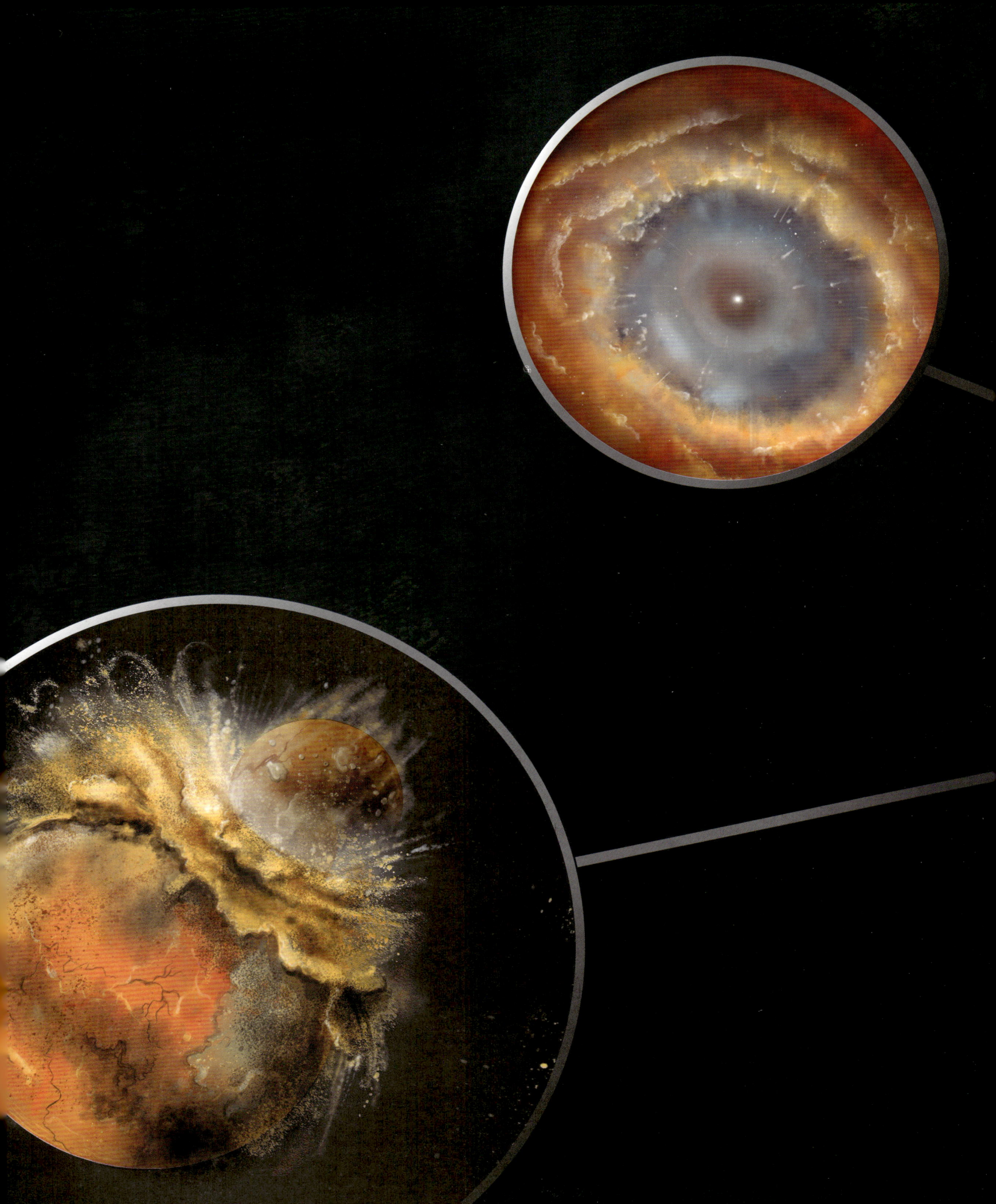

Space
太空

太空廣闊到超乎想像，充滿了不可思議的事物，像是行星、衛星、星系和黑洞。太空也是不斷在變化：美麗的塵埃雲和氣體形成恆星，在生命週期中不斷演化，最後逐漸走向終結，或是伴隨大爆炸消失。

無論是過去還是未來形成的一切，都是在太空中誕生的——包括構成你的基本元素！

不到一秒之後,夸克形成了。

這個時候,宇宙的溫度超過攝氏 10 億度(華氏 18 億度)。

宇宙誕生初期的光線,現在變成了微弱的輻射光。

大爆炸

距今超過 130 億年前,宇宙的起源,只是一個比鹽粒還要小的點。接著發生了一場巨大的爆炸,產生了宇宙,以及空間和時間。宇宙一邊朝著四面八方擴張,一邊慢慢冷卻下來。

宇宙誕生幾分鐘後

夸克(構成所有物質的基本單元)形成了次原子粒子,我們稱之為質子和中子。因為宇宙的溫度降低了,質子和中子可以形成簡單的原子核,也就是原子的中心。

宇宙誕生 38 萬年後

宇宙終於冷卻到可以讓原子核抓住電子,形成完整的原子。宇宙變成了一個不斷膨脹、旋轉的氣團。

宇宙誕生 3 億年後

隨著時間流逝,宇宙的氣團被重力拉開,變成好幾團。隨著氣團崩塌,溫度變得越來越高,第一批恆星誕生了。

延伸閱讀

來看看恆星是如何形成(12–13頁),太陽系(14–15頁)和月球(16–17頁)又是怎麼出現的。

宇宙

我們的宇宙包含了一切，從星系、恆星、行星到衛星，甚至是空間和時間。宇宙是如此不可思議、浩瀚無垠，人類還很難徹底了解宇宙的奧祕。地球上的我們，在宇宙中就像滄海一粟，或許我們永遠沒辦法完全揭開宇宙的神祕面紗。

初期的恆星非常巨大，產生許多重元素，後來形成了行星。

我們所在的星系「銀河系」，是宇宙中最古老的星系之一。

宇宙誕生 5 億年後
重力將幾千億顆恆星拉在一起，形成了第一批星系，包括我們所在的銀河系。

宇宙誕生 138 億年後
直到今天，宇宙仍然在膨脹。在廣大的宇宙中，有眾多的星系、氣體，以及各種我們還在努力了解的奇妙事物。

喬治‧勒梅特（Georges Lemaître）
1927 年，比利時天文學家喬治‧勒梅特首先提出宇宙是源自大爆炸的理論。不過，當時幾乎沒有天文學家相信他。

哈伯太空望遠鏡
這臺特殊的望遠鏡已經拍出好幾百張太空照片。天文學家從照片中發現，光是一個非常小、非常黑的區塊中，就有一萬個遙遠的星系，每個星系裡面都有幾千億顆恆星。

接下來會發生什麼事？
沒有人知道！我們只知道，宇宙還在膨脹。如果宇宙持續膨脹下去，最終會變得更冷、更黑。

隨著宇宙不斷膨脹，星系之間的距離也越拉越遠。

誕生

在恆星的生命週期中，每個階段都要花上幾十億年的時間。所有的恆星，都是誕生於巨大的氣體和塵埃雲（稱為星雲）當中。重力將氣體和塵埃聚集在一起，形成溫度很高、不斷旋轉的氣團。

明亮的年輕恆星

隨著時間流逝，這些氣團變得非常熱，熱到內部開始發生核反應，變成了恆星。因為有強烈的熱能，恆星開始發光。年輕的恆星稱為原恆星，「原」的意思就是「初期」。

死亡

行星狀星雲逐漸飄開，散布到太空之中，在未來會形成新的恆星。現在，恆星只剩下發光的核心，我們稱之為白矮星。白矮星會越來越小，直到冷卻下來，變成黑矮星。

恆星

恆星就像動物一樣，誕生之後會成長、發育，然後走向死亡。不同類型和大小的恆星，存在與死亡的方式也不同。大恆星比小恆星更明亮，但壽命比較短。這裡我們以中等大小的恆星為例，來介紹恆星的生命週期。

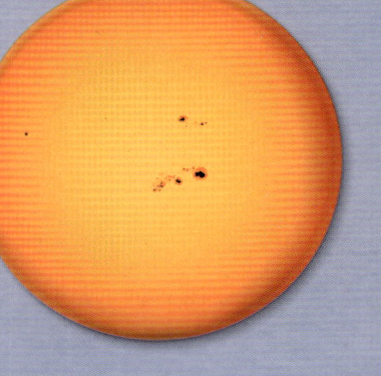

太陽

太陽是一顆中等大小的恆星，生命週期會跟上面介紹的差不多。太陽大約在 46 億年前形成，目前正處於主序階段。大約再過 50 億年，太陽就會死亡。

黑矮星

恆星有好幾種死亡方式。中等大小的恆星會變成死亡的黑色團塊，稱為黑矮星。比較大的恆星會完全塌縮，變成黑洞。黑洞的重力非常強，沒有任何光線能逃脫。

步入中年

恆星漸漸變得更熾熱，光芒也更加明亮。因為溫度升高，恆星內的各種氣體（包括氫氣）被點燃，開始燃燒。恆星一生中的大部分時間都處於這個階段，稱為主序階段。

膨脹變大

幾十億年過後，恆星核心的氫氣消耗殆盡，恆星會膨脹得非常巨大，外殼的溫度下降，使得恆星發出紅光。這個時候的恆星稱為紅巨星。

黯淡瀕死

一旦所有燃料都耗盡，紅巨星的外層就會開始脫落；這些發光的雲狀物質，稱為行星狀星雲。

延伸閱讀

來看看宇宙是如何形成（10－11頁），行星和太陽又是怎麼出現的（14－15頁）。

溫度上升

恆星的顏色是由溫度決定的。恆星在最熱的時候會發出藍光，溫度比較低的恆星則會發出橘紅色的光。如果在晴朗的夜晚用雙筒望遠鏡觀察天空，就有可能看到這些不同顏色的星體。

藍色	藍白色	白色	黃白色	黃色	橘色	紅色
45,000°C	30,000°C	12,000°C	8,000°C	6,500°C	5,000°C	3,500°C
(80,000°F)	(55,000°F)	(22,000°F)	(14,000°F)	(12,000°F)	(9,000°F)	(6,500°F)

太陽誕生

在塵埃雲因為重力而塌縮時，中心區域的溫度也開始上升，最後變得非常熱，使得氫原子結合形成氦，這個過程稱為融合。融合釋放出巨大的能量，一顆熾熱、明亮的恆星就此誕生了──那就是太陽。

有一些很輕的氣體在旋轉時被甩到圓盤的外圍。

行星形成

塵埃雲中的物質開始形成行星。在比較靠近太陽的地方，塵埃碎片受到重力吸引聚集成團塊，形成岩石行星。在離太陽比較遠、溫度比較低的地方，許多氣體聚集在一起形成了巨大的行星，稱為氣態巨行星。

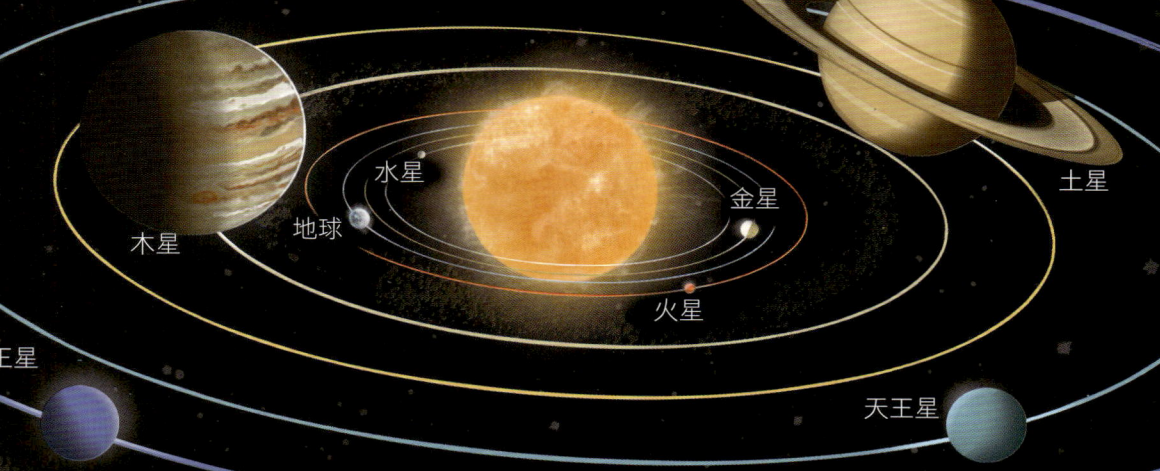

我們的太陽系

過了幾千萬年，才有眾多行星組成了太陽系。其中，水星、金星、地球和火星屬於岩石行星，木星、土星、天王星和海王星則屬於氣態巨行星。在火星和木星之間有一個區域，稱為小行星帶，裡面有許多比較小的矮行星，以及小型的岩石小行星。

在海王星的軌道之外，有些氣體結凍，形成了彗星。

延伸閱讀
進一步認識我們的宇宙（10−11頁），以及恆星形成的過程（12−13頁）。

始於塵埃

大約 46 億年前，一團塵埃雲和氣體開始下陷塌縮，同時旋轉起來，形成密集的圓盤狀。

適居帶

又稱為古迪洛克帶，是太陽系中能夠存在水和生命的區域，因為離太陽不會太遠，也不會太近，擁有適合生存的條件。

太陽系

太陽系是我們的家，我們周圍住著各種行星、衛星、小行星和彗星，全部都依照天文定律，環繞著我們的恆星旋轉，也就是太陽。太陽用重力讓所有星體都圍繞著它運轉，同時也是影響太陽系未來的關鍵。

當太陽膨脹時，這個區域會跟著移動，離地球越來越遠，最後只剩下某些氣態巨行星和它們的衛星位於適居帶。

接下來會怎麼樣？

我們的太陽系目前相當穩定。不過，大約 50 億年之後，太陽核心的氫會消耗殆盡，開始燃燒氦。到時候，太陽會向外膨脹並且冷卻，直到變成紅巨星，也就是進入生命後期的恆星，還會吞噬水星、金星，甚至是地球！

小行星撞擊

地球和小行星特亞相撞，摧毀了特亞。這兩顆星體撞擊時，有大量的物質被拋射到太空中。特亞的岩石在高溫下熔化，跟地球結合在一起。

月球形成

這次碰撞中拋出去的物質，被甩到環繞地球的軌道上，然後因為重力而聚合在一起，形成一個溫度很高、都是熔岩的星球，大小只有地球的四分之一，這就是月球。

月球

月球是我們在太空中形影不離的朋友，一般認為月球是在45億年前出現的。當時，地球還很年輕，整顆星球的溫度很高，充滿了熔化的岩石和金屬。有一顆大小和火星差不多、名叫特亞的小行星撞上地球，月球就誕生了。

延伸閱讀
進一步認識太陽系（14－15頁）和彗星（18－19頁）。

月海

月球朝向我們的這一面有許多陰暗的區域，稱為「月海」。這是因為從前的天文學家以為那些地方是真正的海洋！大約10億年前，岩漿（熔化的岩石）噴發到月球地表，冷卻之後就形成了月海。

日食

有時候，太陽、月球和地球會剛好排成一直線，月球從太陽和地球之間經過，大小正好遮住太陽，就稱為日食。

小行星和彗星

月球冷卻後，地表形成了堅硬的岩石地殼。在接下來的 5 億年當中，還有許多由岩石和冰構成的小型星體撞上月球和地球，這些小型星體稱為小行星和彗星。

月球以每年4公分（1.5英寸）的速度逐漸**遠離地球**。

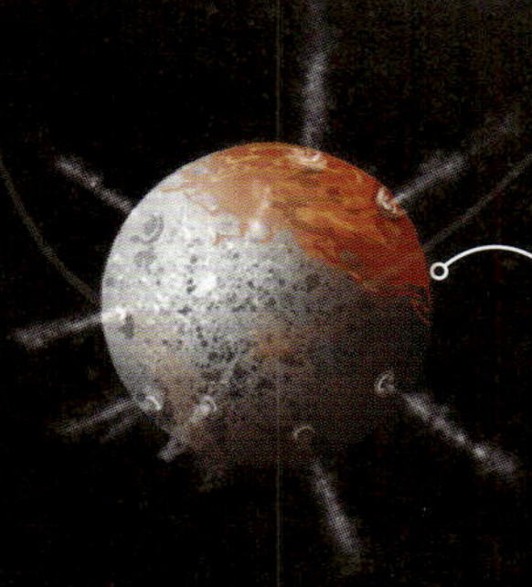

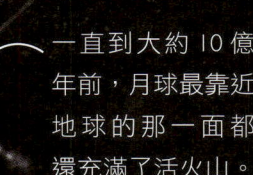
一直到大約 10 億年前，月球最靠近地球的那一面都還充滿了活火山。

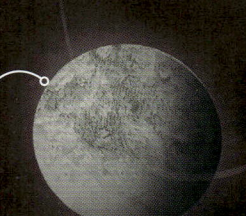
月球一直都以同一面朝向地球。

現在的月球

經過一段時間，月球的溫度冷卻下來，熔岩凝固了，就變成了我們今天看到的月球：一個沒有大氣層、極度乾燥的地方，表面布滿了小行星撞擊造成的隕石坑。月球現在繞著地球運行，每 27.3 天繞地球一周。

潮汐

月球會影響海洋的潮汐。重力會牽引地球上的海水，讓海水往上提升。當月球繞著地球運行時，會拉動海水隆起，導致海平面上升和下降，這些海水運動就是潮汐。

17

彗星

彗星是由太陽系形成後留下的物質所構成，充滿了冰和塵埃。有些彗星距離太陽太遠，即使透過望遠鏡也看不到。不過，科學家還是在夜空中發現了許多彗星。

彗星大部分的時間都在太陽系邊緣，一個稱為古柏帶的區域。

有時彗星會跟另一顆彗星相撞，因此被推到古柏帶之外。

彗星的誕生

在離太陽很遠的地方，因為氣溫很低，水和氣體會結冰並聚集在塵埃表面。重力將結冰的水、氣體跟塵埃拉在一起形成冰岩，不斷集結、越來越大，最後形成一顆充滿冰塊和岩石的巨大彗星。

撞擊坑

雖然不常發生，但彗星和隕石有可能會猛力撞上地球，留下巨大的撞擊坑，例如美國亞利桑那州的隕石坑。我們甚至認為是彗星撞擊導致恐龍滅亡！

兩條尾巴

彗星其實有兩條尾巴，一條是在彗星後面延伸的塵埃尾，另一條是被太陽風往太陽反方向推離的氣體尾。

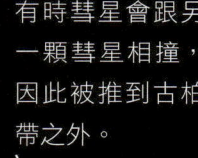

羅塞塔號（Rosetta）

歐洲太空探測器羅塞塔號在 2014 年抵達 67-P 彗星，並發射了一個名叫菲萊的登陸器。這是有史以來第一個登陸彗星的物體，讓科學家對彗星有了更多認識。

有時候，彗星會撞上擋在途中的行星，在行星的大氣層中爆炸，或是掉到行星的地表。

回歸

如果彗星沒有消失或撞上行星，就會回到古柏帶；過程中，彗星的速度會變得越來越慢，直到受重力影響，再次向太陽的方向運行，形成橢圓形（卵形）的軌道。彗星繞太陽一圈，可能需要長達 200 年的時間。

彗星消失

如果彗星距離太陽太近，溫度會變得太高，使得凍結的氣體和冰直接變成氣體。這個過程稱為昇華，會導致彗星消失。

太陽輻射使彗星的尾巴發出美麗的藍白色光芒。

在古希臘文中，「彗星」的意思是「有長髮的頭」。

加速前進

彗星如果被撞出古柏帶，就會開始加速衝向太陽。靠近太陽時，彗星升溫，凍結的氣體和水會變回氣體，形成一個小型的大氣層，稱為彗髮。彗髮會被來自太陽的一股物質流（稱為太陽風）推開，形成彗星的尾巴。

延伸閱讀
進一步認識太陽系
（14-15頁）。

Earth
地球

我們的家園「地球」一直在改變面貌。河流和冰河塑造出地球的景觀，地底深處則有滾燙的岩漿。在數百萬甚至數十億年的歲月中，出現海洋、大陸彼此碰撞，火山爆發又熄滅、山巒被推升又遭到侵蝕，漸漸形塑出現在的地表景觀。

大陸

現在的地球由七個大陸組成，這些陸塊下方是不斷移動的巨大岩板，稱為板塊。在幾億年前，地球上只有一片廣大的陸地；漸漸地，板塊相互碰撞或分裂，使得陸地分離，形成了好幾個大陸，也稱為大洲。

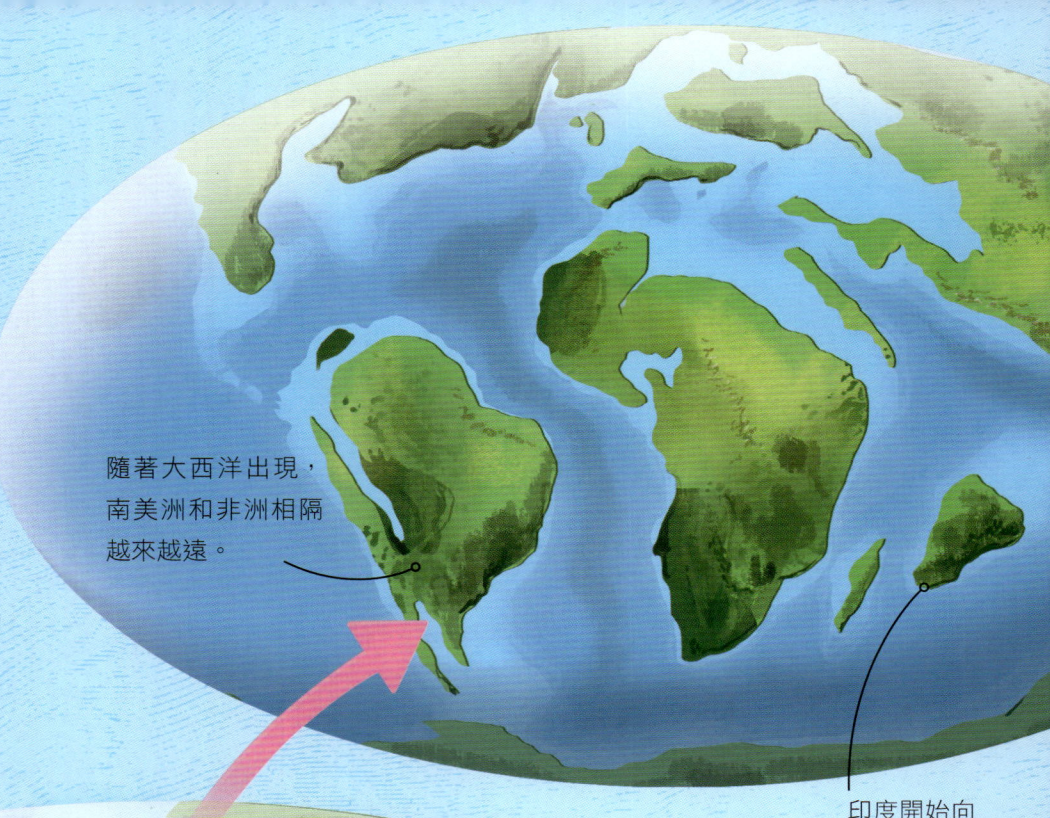

隨著大西洋出現，南美洲和非洲相隔越來越遠。

印度開始向亞洲漂移。

位於非洲、歐洲和亞洲之間的古特提斯洋，有一部分後來變成了地中海。

單一大陸

大約 3 億 2 千萬年到 2 億年前，地球上只有一塊陸地，稱為盤古大陸。這片巨大的陸塊也稱為超級大陸，四周完全被海洋包圍。

盤古大陸

化石

研究動植物化石的地質學家注意到，南美洲和非洲的動植物化石有不少相似的地方，因此發現這些動植物曾經共同存在於一個超級大陸上。

洛磯山脈

這座位於北美洲的壯觀山脈，是因太平洋板塊在北美大陸板塊下方滑動而形成的。

陸塊分裂

大約 1 億 7,500 萬年前，炙熱的岩漿開始從地下湧到地表，導致盤古大陸分裂成比較小的大陸。

大西洋會變得越來越大。

格陵蘭和北美洲在 6,600 萬年前開始分離，一直到今天仍在持續。

格陵蘭

歐洲

亞洲

北美洲

地中海

非洲

印度

南美洲

澳洲

南極洲在大約 3,400 萬年前與南美洲分離，之後就開始被冰雪覆蓋。

南極洲

非洲會持續向北移動，使地中海閉合。

以後會怎麼樣？

透過研究地球板塊的運動，地質學家可以預測未來 5,000 萬年後的大陸會是什麼樣子。

延伸閱讀
想知道兩塊大陸碰撞時會發生什麼事嗎？來認識山巒（28－29頁）。

大西洋正用跟指甲生長一樣的速度在變大！

七大洲
如今的幾個大陸約在 2,000 萬年前就已經存在，不過，這些大陸正逐漸朝著不同的方向移動。

大西洋中洋脊
這條山脊將歐亞板塊（位於歐洲和亞洲下方）與北美板塊分隔開來。大西洋中洋脊大部分都在水下，不過在冰島可以清楚觀察到有部分山脊露出海面。

地震
當板塊突然碰撞或滑動時，地面就會發生巨大震動。地震可能會破壞建築物，造成許多傷亡。

23

到達地表

湧出地表的岩漿稱為熔岩。熔岩冷卻得很快，凝固之後會變成其他類型的火成岩，例如玄武岩。最後，岩石會風化，流入大海，再次展開岩石的循環。

雨水、風吹與冰霜

雨雲帶來雨水、冰霰和雪，經過一段時間之後，會讓岩石變得脆弱而碎裂。強風也會讓岩石變得容易分解。

冰河中的冰融化成河川和溪流，將岩石碎屑搬運到大海。

岩漿也可能會在地下冷卻，慢慢變成固體，就會變成某些類型的火成岩，例如花崗岩。

風化

岩石被河流、冰河或風帶走，逐漸變得更小、更零碎。

岩漿

如果溫度非常高，沉積岩和變質岩就會變成熾熱的液態岩石，稱為岩漿。火山爆發時，岩漿會湧出地表。

當微小岩石碎屑在海岸上堆積起來時，就形成了沙灘。

高溫和壓力

當沉積岩深入地底時，要承受很大的壓力，而且溫度可高達攝氏200度（華氏400度）左右。這樣的高溫和壓力，會將沉積岩變成變質岩。

沉積岩在地下約10公里（6英里）深的地方，會變成變質岩。

岩石

岩石是由一種礦物或是好幾種礦物構成。雖然岩石看起來不會動，但其實真的會移動！岩石在地球的各處移動，從地表到我們腳下的地底深處，然後再回到地面。這樣的過程要花費數百萬年，期間岩石也會經歷巨大的變化。

沉積岩

在美國南達科他州惡地國家公園發現的沉積岩地層，有一道道不同顏色的分層。

在海邊

隨著時間流逝，細碎的岩石碎片會變成沙子、泥土或鵝卵石，堆積在海岸。通常這些物質會隨著河水流入大海，沉積在海床上；有時候，也會留在陸地上，受到壓力固化成堅硬的岩石。

延伸閱讀

來看看岩石如何構成大陸（22—23頁）和火山（30—31頁）。

火成岩

黑曜岩屬於火成岩，是幾千年前熔岩在地球表面快速冷卻時形成的。黑曜石碎片的邊緣非常鋒利。

在海底

漸漸地，海床上的岩石碎屑層層堆疊，結合在一起，受到壓力而變得緊密，就形成了沉積岩。

變質岩

片岩是變質岩的一種，由頁岩或泥岩變質而來，包含好幾層彎曲皺摺的礦物質，可以從一道道不同的顏色看出來。

有些沉積岩的碎片會被帶到地下更深的地方。

化石

化石是古代動植物留下來的遺骸或痕跡，研究化石可以幫助我們了解以前的生物是如何生活和演化。化石必須在特定的條件下經過很長一段時間才能形成，所以很罕見。

死亡與埋沒

形成化石最重要的一步，大概就是死亡了。動物或植物死去之後，必須在短時間內埋進土裡才有機會形成化石，否則遺骸會太快腐爛。許多化石是在水中和水邊形成的，因為遺骸很快就會沉入泥巴或沙床中。

這隻劍龍可能是被漲潮或洪水沖入水中的。

岩層堆疊

微小的岩石和礦物碎片（也就是沉積物）會堆積在死去的動物身上。隨著時間流逝，一層層的沉積物受到擠壓，直到變成堅硬的岩石，壓在動物遺骸上面。

有時候，化石會因埋在地層中的壓力而受到推擠、扭曲或擠壓。

展示

雖然有些化石會在博物館裡展出，但大多數化石從來沒有向大眾公開展示，而是由某些專門的科學家進行研究，這些科學家被稱為古生物學家。

糞化石

糞化石是變成化石的糞便。目前發現最大的糞化石長度超過1公尺（3英尺），專家推測應該是暴龍的糞便。幸好，它現在已經不臭了。

化為岩石

經過漫長的時間，構成動物遺骸的礦物質會被組成岩石的礦物質完全取代或是取代一部分，就變成了化石。

重見天日

古生物學家會使用錘子和十字鎬等工具挖掘化石，甚至用牙科工具和畫筆來清理化石。

延伸閱讀
來看看岩石在岩石循環的過程中如何受到侵蝕（24－25頁），並進一步認識恐龍（96－101頁）。

化石存在於沉積岩中，例如石灰岩、砂岩或泥岩，這些岩石都是由沉積物聚集形成的。

如果外層岩石受到侵蝕，可能會有部分化石露出來。

古生物學家會幫化石打上一層石膏，就像骨折時打的石膏一樣，這是為了保護化石。

琥珀

這種特殊的化石，是由樹木流出的樹脂形成的。樹脂是有黏性的物質，當樹脂變硬的時候，就會將受困其中的昆蟲和其他小動物完好的保存下來。

生痕化石

生痕化石包括腳印、洞穴和糞化石等類型。比起骨頭和貝殼等實體化石，生痕化石可以讓我們更了解以前動物的生活方式和行為。

27

抬升

板塊繼續互相推擠,讓剛出現不久的山變得越來越高。現在,印度板塊仍在以每年約 5 公分（2 英寸）的速度向歐亞板塊移動,因此位於這兩個板塊邊界的喜馬拉雅山脈正在變得越來越高。

當山巒形成時,曾經深埋在地表深處的古老岩石就被推升到海平面以上。

地殼變厚並彎曲,形成山脈。

山

在所有大陸上和每片海洋的海底,都有山。當兩個板塊互相碰撞,或是一個板塊移動到另一個板塊下方時,就可能會形成山巒。山並不會永遠存在。你或許很難想像一座山會消失,但其實這樣的事情一直在發生。

造山運動

在地表漂移的板塊,有時會互相碰撞。當這種情況發生時,板塊之間就會推擠出高山,例如亞洲的喜馬拉雅山。

大陸邊緣的岩石受到擠壓而抬升,形成山巒。

侵蝕作用

一座山從開始形成的那一刻起，也同時開始受到風與雨水的侵蝕。雨水和風使得構成山巒的岩石崩解，再隨著河水流到下游。

延伸閱讀
進一步認識大陸（22－23頁）和河流（36－37頁）。

蜿蜒的河流會在岩石上雕刻出高聳的山脊或丘陵。

化為平地

隨著時間流逝，河流、雨水和風侵蝕了岩石，並將分解後的物質帶入大海，使得山巒漸漸消失。最後，侵蝕作用將山巒變成寬廣的平地，稱為平原。

聖母峰是地球上最高的山峰，海拔高達8,848公尺（29,029英尺）。

安地斯山脈

並非所有的山都是由兩個板塊碰撞形成，有時板塊隱沒到另一個板塊之下，也會形成山巒，南美洲的安地斯山脈就是這樣形成的。

太空中的高山

不只地球上有山，月球和某些行星上面也有。例如金星上就有一座名叫馬克士威的山脈，高度約為11公里（7英里）。

來自深海的「登山客」

許多山頂上的岩石，原本都是在遠古海洋中形成的！這些岩石中可以發現海生動物的化石，例如跟魷魚有血緣關係但已經滅絕的菊石。

29

火山

有些火山看起來是尖尖的圓錐體，也有些火山坡度比較平緩。火山爆發時，可能是驚天動地的猛烈噴發，也可能是以熔岩緩流為主的寧靜噴發。活火山每隔一段時間會噴發，但是我們很難準確預測噴發時間。全世界大約有 1,500 座休火山。

在爆裂式噴發的過程中，火山灰會被拋向高空，然後再落回地面。

火山灰和岩漿層層堆積在火山兩側，硬化後形成圓錐形。

一個板塊隱沒到另一個板塊下方。

岩漿會聚集在地下的岩漿庫中，並因為密度比固態岩石小而往上升。

岩漿會沿著火山喉管上升，從地殼上的開口噴出，這個開口就稱為火山口。一座火山可能有好幾個火山口。

火山形成

地球上有火山形成的地方，通常是在移動的巨大板塊邊緣。當兩個板塊碰撞時，其中一個板塊可能會隱沒到另一個板塊下方。岩漿、火山灰和氣體從地球內部上升到地表，就形成了火山。

火山噴發

在地底下的岩漿庫裡，氣體不斷膨脹，導致壓力逐漸累積、越來越大，最後猛然爆發，釋放壓力。噴發強度有多高，取決於岩漿中含有多少氣體。如果岩漿質地黏稠而且充滿氣體，通常會引起劇烈的爆裂式噴發。

火山的爆發力，來自於地下深處充滿岩漿的岩漿庫。

滾燙的熔岩

在美國夏威夷，火山熔岩流的溫度可高達攝氏 1,175 度（華氏 2,147 度），速度可達每小時 30 公里（20 英里）。在這樣的高溫下，熔岩會發出紅光。

海中的枕頭

從海底裂縫中噴出的熾熱熔岩，很快就會凝固成圓圓蓬蓬的枕頭形狀，稱為枕狀熔岩。

步入死亡

最後,地表下的岩漿庫清空了,不再發生噴發,這時火山就被稱為死火山。死火山就跟其他的山一樣,會逐漸受到侵蝕和風化。

沉睡的火山

如果火山已經幾十年沒有噴發過,但預計未來還是可能會噴發,就稱為休火山。有些火山已經休眠了好幾個世紀。

噴發到地表的岩漿稱為熔岩,從火山流出來之後會慢慢冷卻。

漸漸地,岩漿庫會越來越空。

延伸閱讀

想了解地球板塊和板塊的移動方式嗎?來看看大陸(22—23頁)和山巒(28—29頁)。

巨人堤道

熔岩冷卻時,可能會剛好形成幾何形狀,像是六角柱。位於北愛爾蘭的巨人堤道就是著名的例子。

龐貝古城

西元79年,義大利維蘇威火山發生大規模的噴發,摧毀了龐貝城,當時居民的遺骸全都被保留在硬化的火山灰之中。

形成雲朵

水蒸氣上升時，會冷卻並變回微小的水滴，這個過程稱為凝結。這些水滴非常微小，可以飄浮在空氣中，並形成雲朵。

水會以雨、冰雹或雪的形式落下。

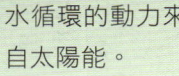

水循環的動力來自太陽能。

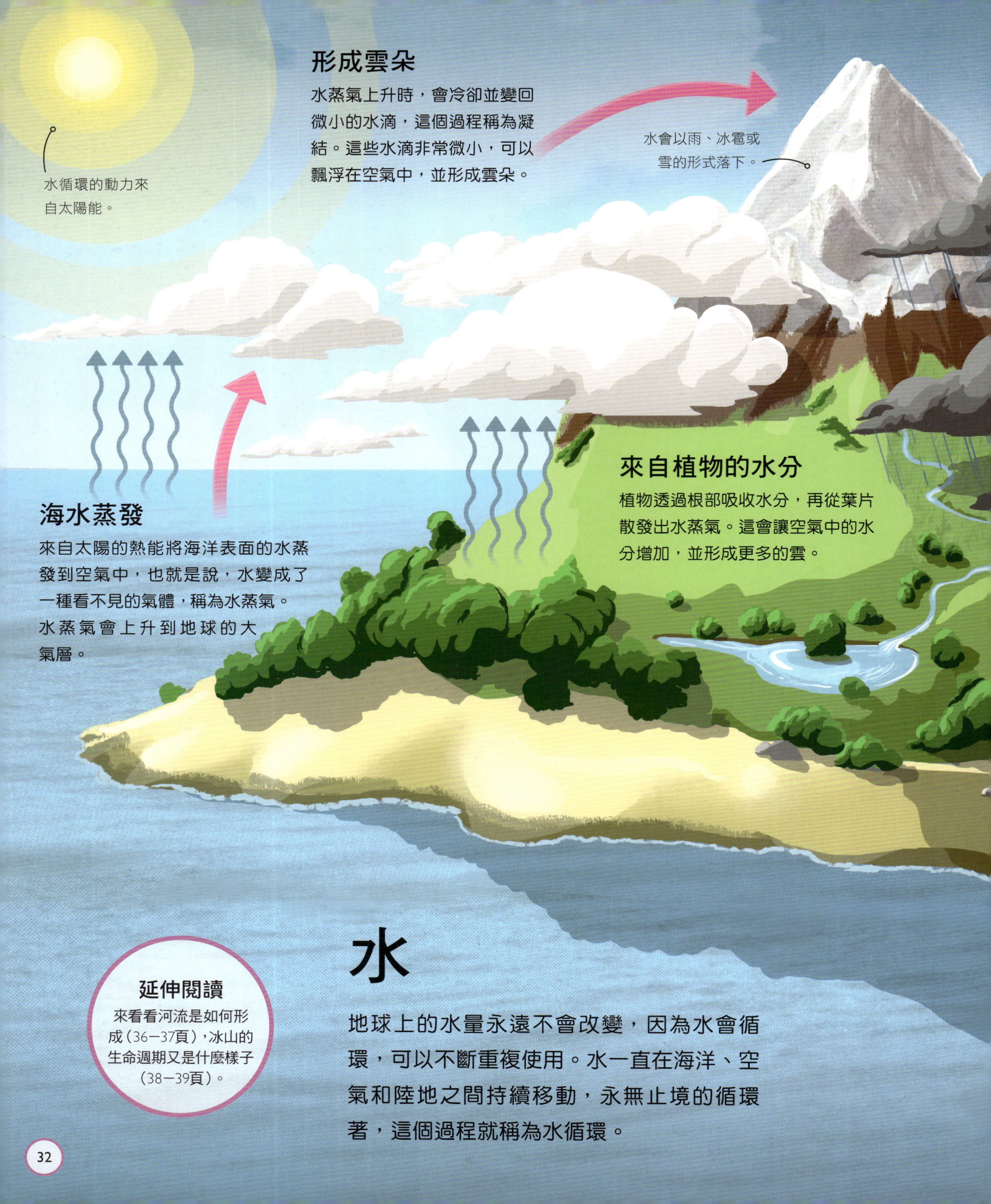

海水蒸發

來自太陽的熱能將海洋表面的水蒸發到空氣中，也就是說，水變成了一種看不見的氣體，稱為水蒸氣。水蒸氣會上升到地球的大氣層。

來自植物的水分

植物透過根部吸收水分，再從葉片散發出水蒸氣。這會讓空氣中的水分增加，並形成更多的雲。

延伸閱讀

來看看河流是如何形成（36—37頁），冰山的生命週期又是什麼樣子（38—39頁）。

水

地球上的水量永遠不會改變，因為水會循環，可以不斷重複使用。水一直在海洋、空氣和陸地之間持續移動，永無止境的循環著，這個過程就稱為水循環。

32

水從海中蒸發時不會帶走鹽分。

降雨
如果雲層中含有大量的微小水滴，最後就會以雨的形式落下；假如氣溫比較低，雨就會變成雪。

有些雨水會透過岩石的微小裂縫滲入地下，最後流入大海。

地表逕流
沒有滲入地面的雨水或融雪，會在地表沿著山坡向下流動，最後匯入溪流和河川。這些水可能有部分會滲入地下或蒸發，但大部分最終仍會流入大海。

霧
雲未必都是在高空形成。當溫暖潮濕的空氣在地面或海洋上冷卻時，也會形成像雲一樣的型態，我們稱之為霧。

鹽田
為了取得鹽，人類會在岸邊挖掘淺坑，讓鹹鹹的海水流入其中。當海水蒸發時，就會留下鹽。像這樣的淺坑稱為鹽田。

旱地
有些地區的降雨量很少，例如沙漠。地球上最乾燥的地方，是南極洲的麥克默多乾谷。有些旱地已經有將近 200 萬年沒下過雨了。

33

暴雨旋風

大多數龍捲風是由雷雨發展而來的。當溫暖潮濕的空氣從地面往上升，遇上在暴風雲中旋轉的涼爽乾燥的空氣，形成一股旋轉的空氣柱，並延伸到地面。

大型風暴內部，通常有兩股旋轉的空氣，一股會順時針旋轉，另一股會逆時針旋轉。

龍捲風的高度可達 1.6 公里（1 英里）。

龍捲風可能是漏斗狀，也可能是細繩狀。

加速旋轉

隨著暖空氣上升，雷雨內部的氣壓下降，使得空氣加速旋轉。龍捲風中的風速可以超過每秒 50 公尺（164 英尺）。

延伸閱讀
想更了解天氣嗎？快來認識水循環（32—33頁）。

垃圾被龍捲風吹起來，再猛力扔回地面。房屋和樹木都會被吹得支離破碎。

垂直的氣團一旦接觸到地面，就會發出雷鳴般的巨大聲響。

龍捲風

龍捲風是一種規模小但非常猛烈的螺旋風暴，由一股旋轉的狹窄空氣柱從雲層往下延伸而成，會將路上經過的一切吸起來，並在地面留下毀滅性的痕跡。

神祕的結局

龍捲風的行進方向很難預測。大多數的龍捲風出現幾分鐘後就會消失，不過也有些龍捲風可以持續一個多小時，等到新的空氣停止供應才會消散。龍捲風究竟是如何結束生命週期，至今仍然是一個謎。

龍捲風是目前記錄到風速最快的天氣現象，時速可超過482公里（300英里）。

堅固房屋中的避難室或防風地下室，可以保護人和動物的安全。

雷雨
龍捲風來自積雨雲，也就是雷雨雲。這種雲又密又高，還會產生降雨、冰雹和閃電。

塵捲風
這種充滿沙塵的旋風，是由沙漠中的微風生成的，雖然不像龍捲風威力那麼強大，但仍然很危險。

颶風（颱風）
這種巨大的風暴是在溫暖的海域形成，颶風中心有一個平靜無風的區域，稱為風眼。

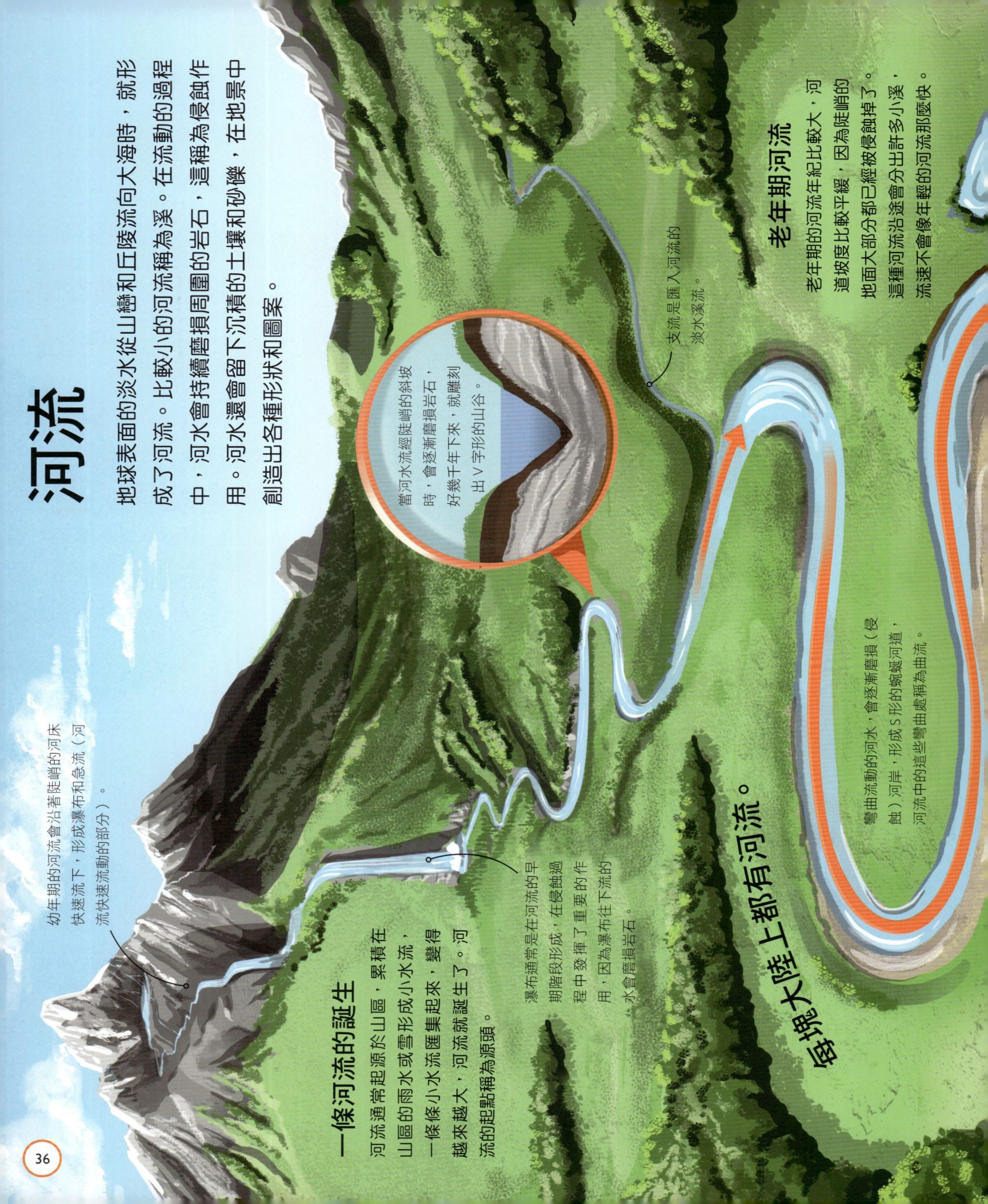

河流

地球表面的淡水從山巒和丘陵流向大海時，就形成了河流。比較小的河流稱為溪。在流動的過程中，河水會持續磨損周圍的岩石，這稱為侵蝕作用。河水還會留下沉積的土壤和砂礫，在地景中創造出各種形狀和圖案。

一條河流的誕生

河流通常起源於山區，累積在山區的雨水或雪水形成小水流，一條條小水流匯集起來，變得越來越大，河流就誕生了。河流的起點稱為源頭。

瀑布通常是在河流生命的早期階段形成，在侵蝕過程中發揮了重要的作用，因為瀑布往下流的水會磨損岩石。

幼年期的河流會沿著陡峭的河床快速流下，形成瀑布和急流（河流快速流動的部分）。

當河水流經陡峭的斜坡時，會逐漸磨損岩石，好幾千年下來，就雕刻出V字形的山谷。

支流是匯入河流的淡水溪流。

每塊大陸上都有河流。

彎曲流動的河水，會逐漸磨蝕（侵蝕）河岸，形成S形的彎曲河道，河流中的這些彎曲處稱為曲流。

老年期河流

老年期的河流年紀比較大，河道坡度比較平緩，因為侵蝕掉的地面大部分都已經被侵蝕掉了，這種河流沿途會分出許多小溪，流速不會像年輕的河流那麼快。

36

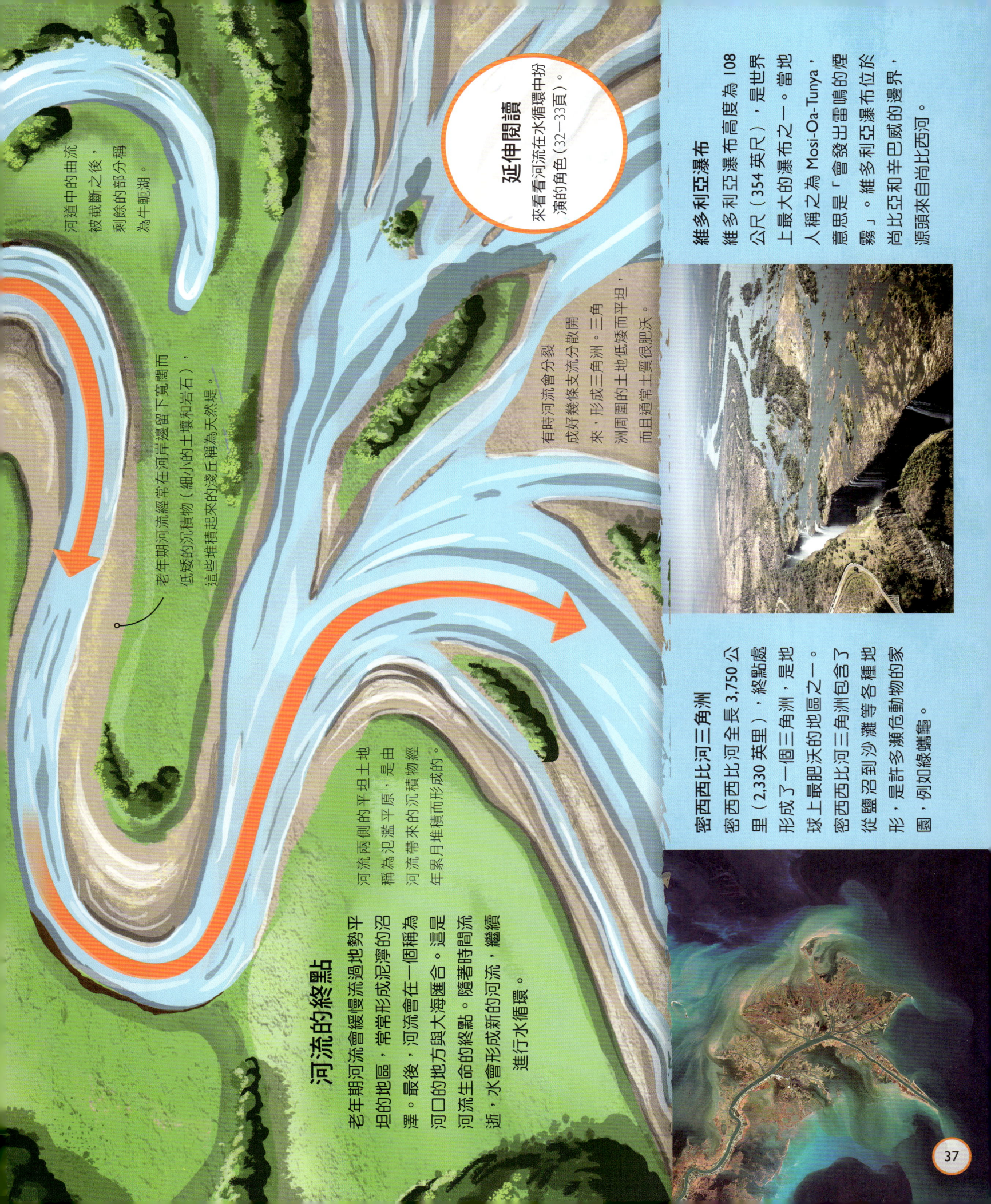

延伸閱讀
來看看河流在水循環中扮演的角色（32–33頁）。

維多利亞瀑布
維多利亞瀑布高度為108公尺（354英尺），是世界上最大的瀑布之一。當地人稱之為 Mosi-Oa-Tunya，意思是「會發出雷鳴的煙霧」。維多利亞瀑布位於尚比亞和辛巴威的邊界，源頭來自尚比西河。

密西西比河三角洲
密西西比河全長 3,750 公里（2,330 英里），終點處形成了一個三角洲，是地球上最肥沃的地區之一。密西西比河三角洲包含了從鹽沼到沙灘等各種地形，是許多瀕危動物的家園，例如綠蠵龜。

河道中的由流被截斷之後，剩餘的部分稱為牛軛湖。

老年期河流經常在河岸邊留下寬闊而低緩的沉積物（細小的土壤和岩石），這些堆積起來的淺丘稱為天然堤。

有時河流會分裂成好幾條支流分散開來，形成三角洲。三角洲周圍的土地低緩而平坦，而且通常土質很肥沃。

河流的終點

老年期河流會緩慢流過平坦的地區，常常形成泥濘的沼澤。最後，河流會在一個稱為河口的地方與大海匯合。這是河流生命的終點。隨著時間流逝，水會形成新的河流，繼續進行水循環。

河流兩側的平坦土地稱為氾濫平原，是由河流帶來的沉積物經年累月堆積而形成的。

37

冰山

冰河是會移動的巨大冰體,從冰河掉下來形成的大型冰塊稱為冰山,通常出現在北極和南極地區。冰山有各種形狀,連顏色也很多變。許多海生動物會把冰山當作狩獵的地方。

冰河成形

大量的雪花堆積,層層壓縮之後變成緊密堆積的雪,就形成了冰河。冰河覆蓋地球表面大約10%的面積,儲存著高達75%的淡水。當冰雪堆積時,冰河會向前移動,融化時則會向後退縮。

延伸閱讀
認識在冰天雪地的南極洲生活的企鵝(108－109頁)。

皇帝企鵝聚集在冰山上尋找食物。

脫離冰河

冰河的末端稱為冰川末緣,這裡偶爾會有大塊的冰塊脫落掉進海中,也就是所謂的冰山崩解,這些脫落的冰塊便成為冰山。冰山大小不一,小的約莫2公尺(6.5英尺),大的就像一個小型國家那麼大,有如巨型的平滑冰塊。

浪跡海面

冰山是由冰凍的淡水構成,但卻漂浮在鹹鹹的海水上。冰山通常可以存續三到六年。隨波逐流的冰山,可能會相互碰撞或是撞上陸地。

冰山的條紋

有些冰山是有條紋的!這些深色條紋來自冰山脫離冰河時攜帶的土壤和沉積物。

平頂的冰山

冰山有各種不同的形狀,包括楔形、圓頂形和尖頂。頂部平坦、側面陡峭的冰山稱為桌狀冰山,像在南極洲發現的這座矩形冰山就是一例。

形狀各異

海浪會磨損（侵蝕）冰山的邊緣，在冰上形成壯觀的拱門和洞穴。當冰山摩擦海床或海岸時，也會被雕刻成不同的形狀。

從冰山上脫落的小冰塊稱為「小漂冰」，可能會對經過的船隻造成危險。

冰山上的生物

冰山各有獨立的小型生物群落，也就是生態系統。冰山周圍會聚集小型的藻類、磷蝦和魚類，進而吸引以這些海洋生物為食的海鳥，例如海燕和企鵝。

冰山融化

當冰山漂入溫暖的海域，或是被溫暖的空氣包圍時，就會開始融化。隨著冰融化出水池、形成裂縫並越裂越大，冰山也就慢慢消失了。

在冰上生活的企鵝非常愛吃一種叫做磷蝦的小型海洋生物。

多彩冰塊

冰山通常是白色或藍色的，但生活在冰上的藻類可以產生許多種顏色，包括綠色。有些冰山富含來自岩塵的鐵質，使得冰山呈現黃色或淡紅色。

冰山只有八分之一漂浮在海面上，其他部分都在海面之下。

39

碳

碳對於地球上所有生物來說都非常重要。碳存在於大氣、海洋、植物、土壤、岩石，甚至我們的體內。地球上的碳總量永遠不會增加或減少，但是碳會不斷移動及改變形式，這個過程稱為碳循環。

大氣中的碳

空氣中的二氧化碳（CO_2），是由碳與氧結合而成。二氧化碳會吸收熱能，因此被稱為溫室氣體。減少大氣中的二氧化碳含量，有助於防止全球暖化。

植物有助於減少大氣中的二氧化碳含量。

吸收

植物會利用太陽的光能，將空氣中的二氧化碳跟水結合，製造出植物的食物，這個過程稱為光合作用。

死亡的動植物腐爛時會釋放二氧化碳。

碳可以封存在深海底部幾千年，甚至幾百萬年之久。

儲存

死亡生物的遺骸含有碳，經過數百萬年之後，會轉化為煤炭和石油等化石燃料。

雨林

樹木可以吸收大量的二氧化碳，有助於減少大氣中的溫室氣體。然而，毀林（大量砍伐樹木）會阻礙這個自然過程。

岩石

地球上大部分的碳儲存在岩石中，約有65兆5千億公噸（64兆英噸）。不過，風、雨和冰會分解岩石，將二氧化碳釋放出來，回到海洋或大氣中。

目前空氣中的二氧化碳含量，創下了過去 **80 萬年以來的新高。**

延伸閱讀
人類對於碳循環有什麼影響呢？來看看「人類對地球生物的影響」（136－137頁）。

燃燒化石燃料會釋放大量的二氧化碳。

動物會呼出二氧化碳，並吃下含碳的植物。

釋放
生物透過呼吸作用釋放二氧化碳，化石燃料燃燒時會放出二氧化碳，有些岩石也會緩慢釋出二氧化碳。

鑽油平臺是用來深入海底鑽探，開採石油和天然氣。

深埋在地表下的岩層中，累積了許多化石燃料。

暖化
人類燃燒化石燃料釋放出來的二氧化碳，目前正在使地球氣候變暖，融化冰層並破壞冰河。

綠色能源
太陽能板和風電場等設施產生的能源，不像化石燃料會擾亂碳循環或改變氣候，所以稱為綠色能源。

41

地球上的生物

地球至少在 35 億年前就已出現生命。最早期的生物，只是由單細胞微生物組成的黏糊泡沫。不過從這些簡單的生命開始，歷經無數世代之後，世界上出現各種動植物，有些分布在海洋中，有些讓土地生長出翠綠的森林。

許多寒武紀動物，例如馬爾拉蟲，都有像螃蟹一樣可用來爬行的細長步足。

生命出現

地球形成十億年之後，只有光禿禿的大地和深藍的海洋，沒有任何生命。不過在海浪下的某個地方，出現了地球上的第一個生命，那就是單細胞生物——細菌。

地球表面覆蓋了大量的水，大部分地區都呈現藍色。

最早期的動物

在海底的某個地方，生物逐漸演化，出現了由數十億個細胞構成、比微生物更大的動物。這些最早期的動物，跟如今生活在地球上的動物大不相同。

寒武紀大爆發

在寒武紀這個時期，地球環境非常適合各種不同的海洋動物演化，出現了許多與現今動物相似的生物，例如水母、蠕蟲和蝦子。

蛋形的狄金森蠕蟲，可能曾經爬過海底。

地球形成

有一段時間，太陽四周圍繞著由塵埃雲和岩石組成的漩渦雲團，後來這些物質聚集在一起，形成了太陽系的眾多行星，包括地球。

45.4 億年前

40 億年前

6 億年前

5.4 億年前

42

5
億年前

4.3
億年前

4
億年前

3.8
億年前

長出雙顎！

第一批脊椎動物（指擁有脊椎的動物）是在寒武紀大爆發時出現的無頜魚類。經過數百萬年之後，有些魚類演化出可以咬人的雙顎，這讓牠們搖身一變成了兇猛的掠食者，最早期的鯊魚也是其中之一。

飛蟲

有些生活在陸地上的古怪爬行生物逐漸演化出六條腿和可以飛行的翅膀，成為最早期的昆蟲。這個改變是牠們制勝的關鍵。昆蟲成為動物中種類和數量最多的類群，隨著植物越來越多，陸地上出現了數十萬種昆蟲。

森林

植物群聚生長時，為了要避開其他植物的陰影、獲得更多陽光，會越長越高，於是演化出最早期的樹木。許多的樹木形成森林，成為陸地動物的重要棲息地。

現在的油夷鯊是史前鯊魚的後代。

時至今日，在某些潮濕泥濘的棲地中仍可見到許多泥炭蘚。

如今雨林中的樹木種類與史前森林截然不同，但仍然是許多物種的家園。

陸生植物

出現在淺海的綠藻和海藻，逐漸演化成第一批在陸地上生長的植物。苔蘚覆蓋了大片土地，成為第一批古怪爬行動物的家園。

43

巨型爬蟲類

爬蟲類的生存形態相當成功,開始演化出有史以來最令人難以置信的動物。巨大的魚龍在海洋中游動,接著出現巨型恐龍在陸地上漫步。

兩棲類

魚類演化出鰭來控制游動,但有些長出肉質鰭的魚開始搖搖晃晃地走上陸地,後來更演化出可以呼吸空氣的肺部,成為第一批兩棲動物,也就是現代蠑螈和蛙類的遠親。

魚龍的外型有點像現在的海豚,不過牠們屬於爬蟲類,而不是哺乳類。

開花植物

過去數百萬年來,陸地上的植物要繁殖,都是透過風散布塵埃狀的孢子或透過毬果產生種子。不過這個時期出現了最古早的花朵,在大地上綻放出繽紛色彩,甜美的花蜜也讓授粉昆蟲蓬勃繁衍起來。

爬蟲類

兩棲類保留了和魚類祖先一樣的濕潤皮膚,也需要回到水裡產下柔軟的卵。不過,有些兩棲動物發展出在陸地上生存更久的方法。牠們的皮膚變得乾燥、長出鱗片,產下的卵變成有硬殼的蛋,成為最早期的爬蟲類。

就跟其他早期的哺乳動物一樣,摩根錐齒獸很有可能是夜行性的。

哺乳類

在恐龍時代,小型爬行動物開始出現長著毛皮的後代,牠們在地面上小步奔跑,並居住在洞穴中。經過一段時間,這些動物逐漸演化成第一批哺乳動物,由母獸生下胎兒,並分泌乳汁餵養幼獸。

3.75 億年前

巨型陸龜最早出現在幾百萬年前。

3.2 億年前

3 億年前

2.5 億年前

2 億年前

西番蓮是從恐龍時代生長的植物演化而來。

6,600
萬年前

6,000
萬年前

1,300
萬年前

1.5
億年前

小行星撞擊之後，地球有好幾年都處於寒冷、黑暗的冬天。

人類的祖先

有一群被稱為靈長類的哺乳動物演化成生活在樹上，發展出可以抓握東西的手，腦部也變得比較大。其中有些靈長類學會了直立行走，後來成為人類。史前時期曾經有過許多類人靈長類動物，但只有一個物種活到今天，那就是智人。

鳥類

有些恐龍演化成用兩條腿行走，並長出了羽毛。羽毛也許是要用來展示或保暖，不過長著羽毛、可以拍動的雙臂還有其他可能性。就這樣，用雙足行走的恐龍演化成了會飛翔的鳥類。

恐龍滅絕

自從出現生命以來，地球曾經遭受許多次造成生物集體滅絕的災難，例如氣候變遷或火山爆發。不過，最嚴重的一次是地球受到小行星撞擊，塵灰鋪天蓋地，並導致恐龍全部死亡。

現在仍有些哺乳動物跟以前的爬行動物祖先一樣會產下有硬殼的蛋，例如鴨嘴獸。

現代的人類（也就是智人）從出現至今還不到 50 萬年。

哺乳類稱霸

長著毛皮的小型哺乳類，是在小行星撞擊後倖存下來的動物之一。當土地和氣候恢復正常時，牠們演化出肉食動物和植食動物，取代了恐龍的地位。

始祖鳥是一種史前鳥類，有羽毛和喙，同時還有爬蟲類的牙齒，翅膀上也長著爪子。

目前地球上已知的物種約有 130 萬種，還有更多物種等著我們去發現。

45

黏菌

黏菌分成許多種類,其中很多跟變形蟲一樣是單細胞生物。不過,有些黏菌會大量聚集在一起,構成類似真菌的型態,並透過釋放孢子來繁殖。

細菌

細菌跟變形蟲一樣是單細胞生物,可以透過分裂來繁殖。不過,細菌的細胞比較小,且沒有細胞核,DNA 裸露於細胞質中。

病毒

病毒比細菌更小,就像個包覆遺傳訊息的膠囊,只能在生物的細胞內繁殖。

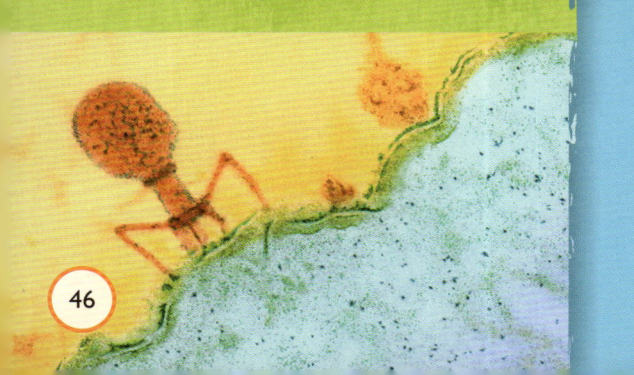

變形蟲

變形蟲是非常小型的單細胞動物,可以在一滴水中完成整個生命週期。變形蟲只有一個細胞,大小不會超過「．」這樣一個小黑點。不過,牠們就跟所有細胞一樣,可以繁殖及製造更多的同類。

每隻變形蟲都有細胞核,可以控制細胞的活動。

貪婪的變形蟲

變形蟲是一種非常迷你的掠食者。牠們會吃更小的單細胞生物,例如藻類。變形蟲會伸出透明凝膠狀物質構成的「手指」來吞食獵物,這種物質稱為細胞質。

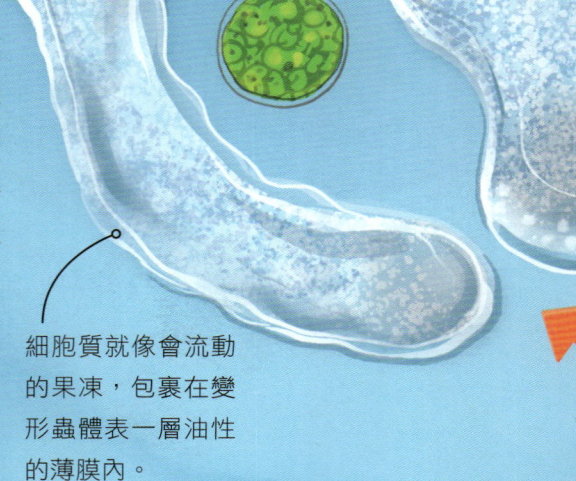

細胞質就像會流動的果凍,包裹在變形蟲體表一層油性的薄膜內。

複製

變形蟲的細胞核內有 DNA，這種物質含有能讓變形蟲維持生存的遺傳指令。變形蟲繁殖時會分裂成兩半，細胞核中的 DNA 會自我複製。

分裂

變形蟲從中間分裂成兩半時，原本只有一個的細胞核會分裂成兩個。新的細胞核是跟原始親代細胞核一模一樣的複製品。

變形蟲分裂時，「手指」會消失。

延伸閱讀

想知道還有什麼生物跟變形蟲一樣，可以產生和自己完全一樣的後代？來認識蒲公英（60－61頁）吧！

雙胞胎

新出現的變形蟲個個都有同樣的 DNA，就像同卵雙胞胎一樣，而且跟親代變形蟲也完全相同！牠們現在已經可以自行成長和捕食了。

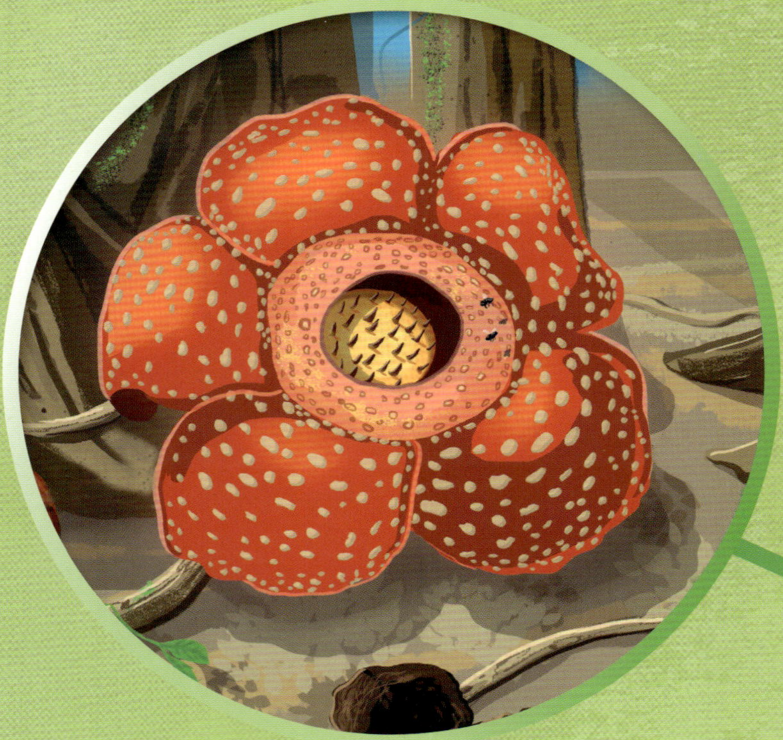

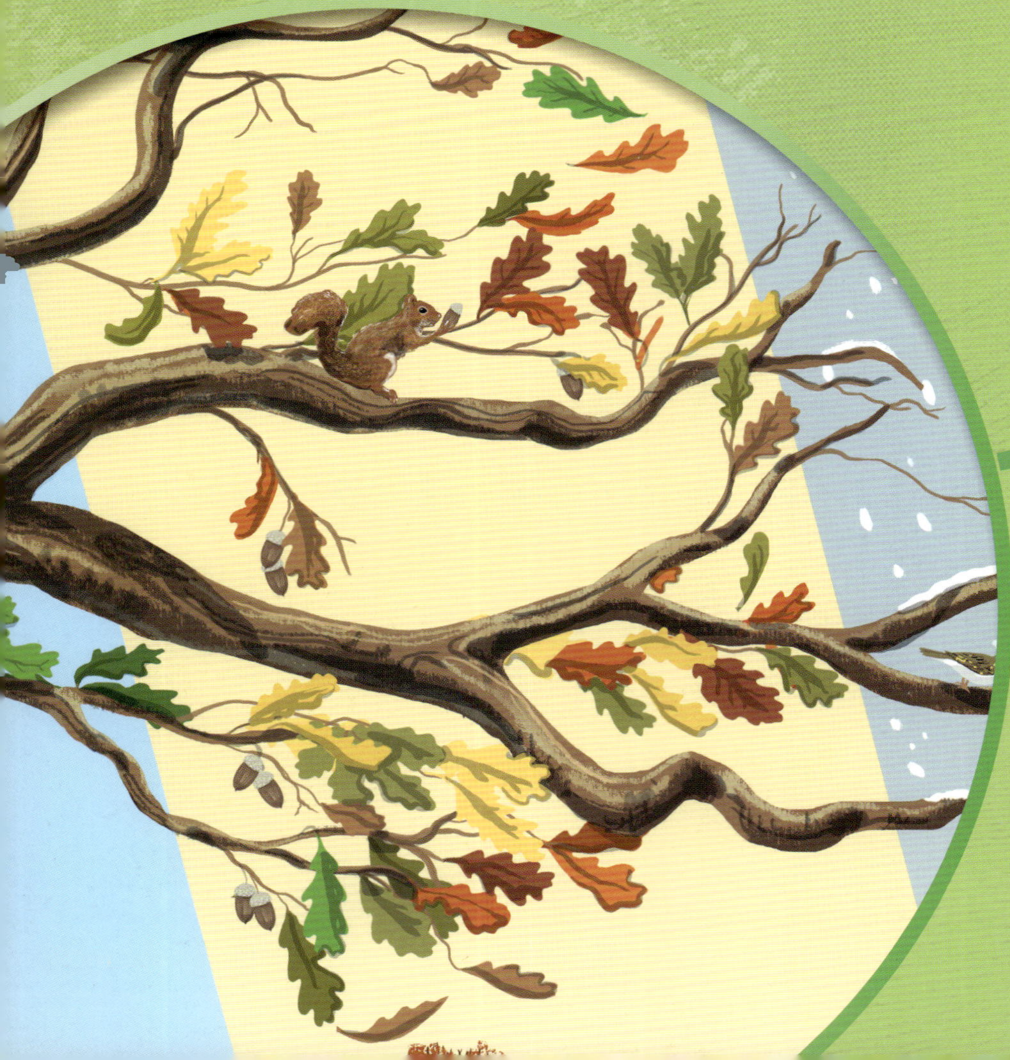

Plants and Fungi
植物與真菌

植物與真菌都生長在地面上。植物會往上長出分枝，好吸收陽光中的能量；真菌則是附著在土壤上，從死亡和腐爛的生物獲取營養。不過，植物和真菌的生命週期有個共同點，那就是它們長出來的孢子或種子可以散布到遙遠的地方，萌發出新的世代。

從孢子到種子

植物雖然紮根在土壤中，卻能夠到處散播後代。苔蘚和蕨類植物是將像灰塵一樣細小的孢子散布出去，大多數的植物則是透過種子來繁殖。每一顆種子裡面都蘊藏著一株小幼苗，甚至還夾帶了生長需要的食物。所以，種子只要落到潮濕的地面上，就很有機會存活下來、發芽茁壯。

從種子開始生長

大多數植物都會產生像灰塵一樣細小的花粉。但花粉與孢子不同，不會直接長出新的植物，而是要用來讓植物的卵細胞受精。每個受精卵會在種子內發育出一個小小的植物胚胎。

有些植物會在毬果內產生花粉和卵，例如松樹。

苔蘚和蕨類植物

第一批在陸地上演化出來的植物，是利用孢子繁殖。每一個細小如塵埃的孢子都是一個小小的細胞，可以萌發成新的植物。苔蘚會在細莖頂端的孢子囊中產生孢子，而大多數蕨類植物是從葉片背面長出孢子。

苔蘚的孢子是從高高的細莖上散布開來，所以更有機會隨風飄到遠處。

蕨類植物會長出成堆細小的棕色孢子囊，當孢子囊乾燥裂開時，裡面的孢子就會彈射到空氣中。

大多數毬果在成熟時會變硬並木質化，但刺柏的毬果會長成甜甜的漿果。

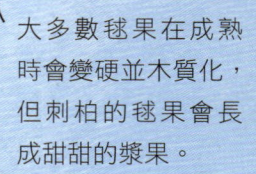

大多數蕨類植物的葉子是從卷旋狀逐漸展開。

許多會長出毬果的植物都有刺刺的針葉，不過智利南洋杉的針葉特別粗大。

開花植物

花朵可以幫助植物繁殖。許多花朵擁有醒目的顏色、甜美的氣味和美味的花蜜,可以吸引蜜蜂等授粉動物。花朵中的卵細胞受精之後,就會發育成果實裡面的種子。

刺果松長得非常緩慢,但是壽命很長。有一棵刺果松根據估計已有4,800多年的歷史,可能是地球上現存最古老的生物之一。

天堂鳥花有著鮮豔的顏色,能吸引尋找花蜜的授粉者,例如太陽鳥。

成熟的果實通常充滿了甜美的汁液,能夠吸引愛吃甜食的動物。這些動物吃下果實之後,會將種子排出體外,散播到其他地方去。

春天時,有些植物還沒長出新葉就先開花了,例如木蘭。

大多數的植物需要將花粉傳到其他花朵上,才能夠授粉。不過,有些植物可以自花授粉,像這種南極漆姑草就是一個例子。

世界上有超過25萬種的開花植物。

向日葵

仙人掌

51

蕈菇

真菌既不是動物，也不是植物，由大量分枝的微小菌絲組成。蕈菇是它們的子實體，我們通常只有在長出蕈菇時才會注意到它們。有毒的蕈菇通常稱為毒菇，例如色彩鮮豔的毒蠅傘，要小心不要觸摸或採摘這種菇類。

毒蠅傘會在森林地面上單獨生長，或是長成一小叢。

毒蠅傘有著鮮紅色的菌傘，是含有劇毒的警告。

定居
孢子在新的地方落下之後，會萌發（發芽）並製造出細絲，稱為菌絲。菌絲生長的過程中，會長出許多分枝並延伸開來，以土壤中的水分和養分為食。

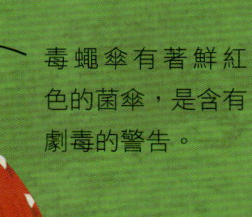

成群的孢子
毒蠅傘會釋放出數百萬個有點像種子的白色孢子。孢子會隨風飛走，其中只有少數最後會長成新的真菌。

孢子又小又輕，可以隨風飛到很遠很遠的地方。

延伸閱讀
認識各種以孢子繁殖的植物（50—51頁）。

樺樹
毒蠅傘經常生長在樺樹附近，用菌絲包裹樹根，為樹木提供土壤中的養分。相對地，毒蠅傘可以獲得樹葉中產生的糖分，作為回報。

魔鬼的手指
這種令人毛骨悚然的真菌叫做阿切氏籠頭菌，上面覆蓋著黏糊糊的黏液，聞起來有腐肉的味道。阿切氏籠頭菌的黏液中含有孢子，被氣味吸引的甲蟲、蒼蠅和蛞蝓會沾上黏液，離開時就會將孢子一起帶走。

蕈菇寶寶

還未成熟的蕈菇有一層特殊的白色薄膜保護，稱為菌幕。菌傘變大之後，菌幕就會瓦解。紅色菌傘上的白色瘤狀斑點就是菌幕的殘留物。

白色的薄膜稱為菌幕。

蕈菇寶寶會長出一個菌傘，頂在與土壤相接的菌柄上方。

這些小小的扭結會發育成蕈菇。

孢子會從菌傘下方的皺摺處掉落。這些皺摺看起來跟魚鰓很像。

菌絲地墊

菌絲在土壤中擴散開來，交錯編織，彷彿細絲編成的地墊，稱為菌絲體。菌絲體是真菌的主要部分，可以讓真菌從土壤中死亡植物和動物的殘骸吸收養分。

扭結與針頭

要繁殖的時候，來自不同株真菌的菌絲會扭結在一起，並在菌絲體中形成團塊。扭結處變得更大時，可以在土壤表面上看到微小的白色「針頭」。這些針頭之後就會變成蕈菇寶寶。

成熟的蕈菇

科學家將完全長成的蕈菇個體稱為子實體。子實體的菌傘和菌柄，是由緊密堆積在一起的菌絲組成。菌傘下面有像摺紙一樣的皺褶，稱為菌褶。孢子就排列在菌褶的表面。

馬勃菌

馬勃菌的頂部呈現球形，是它的子實體，內部會產生孢子。當馬勃菌被動物碰到或被雨滴打到時，就會裂開噴出孢子。

森林清潔工

真菌是處理廢棄物的專家。真菌會從死去的植物和動物吸收養分，讓這些物質加速腐爛（分解）。如果沒有真菌，森林恐怕會被死亡生物的遺骸淹沒。

53

巨型紅杉

巨型紅杉是地球上最重的樹，高度有 26 層樓高，寬度比一般城市裡的街道還要寬。這種令人難以置信的巨木只生存在美國加州的西部，可以活上幾千年之久。即使在死亡以後，這些樹木仍繼續幫助其他生物生存。

新生命

巨型紅杉的一生是從毬果開始。雄毬果內的花粉隨風傳播到雌毬果上，讓其中的卵受精，產生種子。

是老是少？

在 250 歲之前，這棵樹都還算是很年輕！巨型紅杉年輕時，樹幹基部附近和頂部都會長出樹枝。這種樹屬於常綠植物，意思是一年四季都有樹葉。

散播種子

當毬果裂開時，就會散播種子。毬果之所以會裂開，有時是因為飢餓的松鼠去啃食毬果，不過更常見的情況是發生森林火災，高溫讓毬果變得乾燥，導致毬果裂開。

小樹苗

種子長成小小的植株，稱為幼苗。這棵樹長到 10 歲時會開始產生毬果，一直持續到老年。

延伸閱讀

認識椰子樹（56－57 頁）和橡樹（62－63 頁）的種子與授粉過程。

20 歲　　100 歲　　200 歲

54

長成巨樹

巨型紅杉在樹齡 500 歲至 750 歲之間，會成長到最高高度。這個時候的樹型也會改變，雖然頂部長滿樹枝，樹幹下半部卻是光禿禿的。這種樹可以存活超過 2,500 年。

生存危機

雖然巨型紅杉的樹皮很厚，但仍有可能死於疾病或是沿著樹枝蔓延的森林火災。巨型紅杉需要很長的時間才能繁殖，其他生長較快的樹木有可能會取代巨型紅杉在森林中的位置。

巨型紅杉的樹皮不易燃燒，而且非常厚實，厚度可達 1 公尺（3 英尺），有助於抵擋火災。

年老與死亡

風暴可能會導致年老的紅杉倒下並死亡。巨型紅杉的另一個死亡原因是乾旱導致缺水。死亡之後，巨型紅杉會漸漸分解，化為森林地面土壤的一部分。

動物生活

有些動物會造訪倒下的巨型紅杉，並以樹皮和樹根為食，包括鳥類、貓頭鷹跟蝙蝠。照片中這隻北美黑啄木鳥正在啄穿樹皮，尋找藏身其中的昆蟲。

樹幹寬度可達 9 公尺（30 英尺）。

巨型紅杉的根系龐大，雖然紮根不深，但範圍寬廣，可以幫助巨型紅杉保持平衡。

枯木上會長出苔蘚和真菌。

2,500 歲

椰子樹

椰子樹結出的椰子中含有種子，這些種子不是透過空氣或藉著動物背上傳播，而是藉助海洋傳播的。椰子常常會被海水沖走，然後隨著洋流漂到遠方的海灘上。

幼小的果實

椰子剛長出來時是綠色的，要在樹上成長大約一年才會變熟。椰子成熟後，連接蒂頭的地方會斷裂，甸甸的果實掉落到地上。椰子的種子就藏在果實內。有些果實會在掉落的地方發芽，有些則被海浪沖走。

開花

椰子樹在7歲左右就會開花。甜美的花蜜會吸引昆蟲前來吸食，為花朵授粉，然後發育成果實。

椰子樹全年皆可開出黃色的花朵。

成長茁壯

到20歲時，椰子樹已長為成樹，高度達到30公尺（100英尺）。樹幹頂端有一個心芽，可長出多達40片羽毛狀的葉子（稱為椰葉），形成「樹冠」。

堅韌的核果

椰子的果實稱為核果。光滑的外皮之下，是由纖維構成的棕色厚實椰殼，裡面包裹著一枚種子。

當核果裂開時，椰子的種子就會發芽生根。

生根發芽

椰子裡的白色果肉和汁液，可以為發芽的種子提供養分跟水分。種子會長出一株新芽，向上生長出壯出一株新的根，根部則向下深入土壤。

椰殼裡面含有空氣，可讓核果漂浮在海面上。由於有一層保護，能避免海水損壞核果。

大多數的椰子都是淺根，只有少數鬚根比較深。在椰子樹當中，一生會不斷長出新的根，成樹可能有多達 7,000 條根。

延伸閱讀

看看蒲公英的種子如何隨風傳播（60-61頁）、蘭花（58-59頁）和橡樹（62-63頁）又是如何透過動物散播種子。

棕櫚油

跟椰子樹同樣屬於棕櫚科的油棕，結出的果實可以製成棕櫚油。棕櫚油用處很廣，可以製成巧克力到牙膏的各種產品。不過這也衍生出一個問題：人類為了種植油棕，大量砍伐森林，導致許多瀕危動物失去家園，包括紅毛猩猩在內。

核果

芒果樹和桃樹結出的果實也屬於核果。這類果實含有一層肉質層，包覆著一個堅硬的角質硬殼，也就是「果核」，裡面是種子。椰子沒有肉質層，不過有堅硬的椰殼。

57

蘭花

很多花會用甜美的花蜜來吸引各種授粉動物，但吊桶蘭不一樣，只能由雄性的蘭花蜂傳粉。吊桶蘭會用特殊的香味吸引雄性蘭花蜂前來，當牠們造訪不同的花朵時，就可以幫忙傳粉；作為回報，雄性蘭花蜂可以在花朵上採集到一種香氣，能幫助牠們找到配偶。

開在樹頂上的花

吊桶蘭生長於森林，通常長在樹枝上的螞蟻窩中。螞蟻會以吊桶蘭甜美的花蜜為食，吊桶蘭則透過根部從螞蟻的巢穴中吸收養分。很快地，吊桶蘭就會開出形狀奇異的花朵。

香味是從吊桶蘭的「蓋子」下方產生的。

花粉囊黏在雄性蘭花蜂的背上，讓牠碰不到。

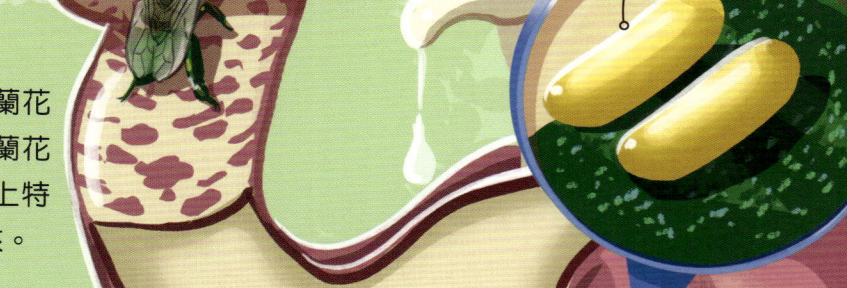

雄性蘭花蜂能認出吊桶蘭獨一無二的香味。

收集香氣

吊桶蘭的香味只會吸引蘭花蜂。來到花朵上的雄性蘭花蜂會收集香氣，用後腿上特殊的「香氛囊」儲存起來。

失足滑落

吊桶蘭的花朵表面很滑，蘭花蜂一不小心就會掉進底下裝滿黏液的桶子裡。幸好，裡面有一條逃生路線，是一個寬度剛好夠讓蘭花蜂通過的管道。

努力脫身

在蘭花蜂努力扭動爬出來的時候，這個管道會收緊困住牠，用一種很快就會凝固的黏膠將兩個花粉囊黏在蘭花蜂身上。

延伸閱讀

大王花（66－67頁）不但沒有香氣，反而有一股惡臭，這種植物是如何吸引蒼蠅前來傳花授粉？

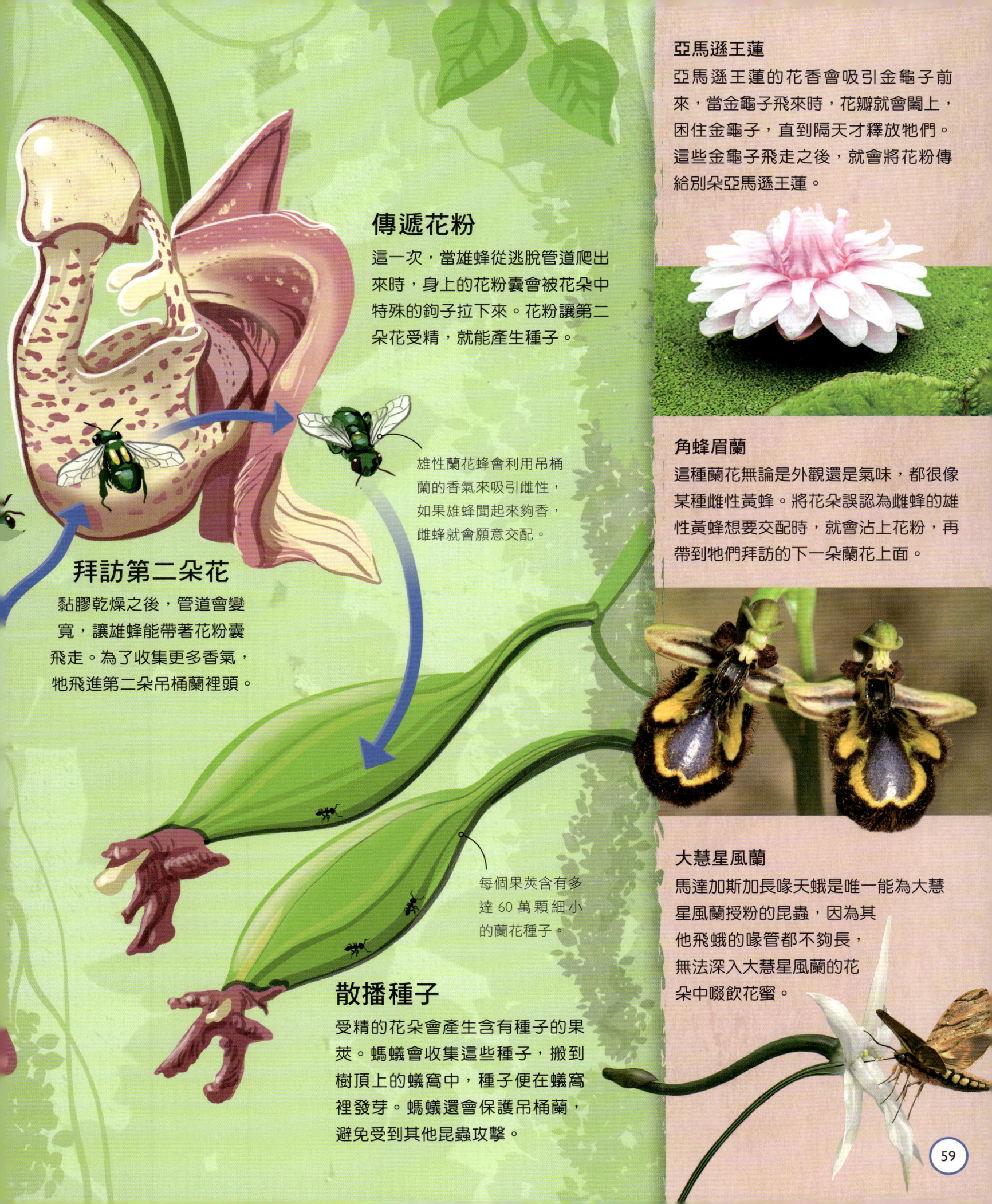

傳遞花粉
這一次，當雄蜂從逃脫管道爬出來時，身上的花粉囊會被花朵中特殊的鉤子拉下來。花粉讓第二朵花受精，就能產生種子。

雄性蘭花蜂會利用吊桶蘭的香氣來吸引雌性，如果雄蜂聞起來夠香，雌蜂就會願意交配。

拜訪第二朵花
黏膠乾燥之後，管道會變寬，讓雄蜂能帶著花粉囊飛走。為了收集更多香氣，牠飛進第二朵吊桶蘭裡頭。

每個果莢含有多達 60 萬顆細小的蘭花種子。

散播種子
受精的花朵會產生含有種子的果莢。螞蟻會收集這些種子，搬到樹頂上的蟻窩中，種子便在蟻窩裡發芽。螞蟻還會保護吊桶蘭，避免受到其他昆蟲攻擊。

亞馬遜王蓮
亞馬遜王蓮的花香會吸引金龜子前來，當金龜子飛來時，花瓣就會闔上，困住金龜子，直到隔天才釋放牠們。這些金龜子飛走之後，就會將花粉傳給別朵亞馬遜王蓮。

角蜂眉蘭
這種蘭花無論是外觀還是氣味，都很像某種雌性黃蜂。將花朵誤認為雌蜂的雄性黃蜂想要交配時，就會沾上花粉，再帶到牠們拜訪的下一朵蘭花上面。

大慧星風蘭
馬達加斯加長喙天蛾是唯一能為大慧星風蘭授粉的昆蟲，因為其他飛蛾的喙管都不夠長，無法深入大慧星風蘭的花朵中啜飲花蜜。

昆蟲會到蒲公英上採集花粉和花蜜，但蒲公英不需要牠們幫忙也能製造種子。

開花

長長的莖部頂端出現頭狀花序。每個頭花其實都是由好幾朵舌頭形狀的小花組成，稱為舌狀花。每個舌狀花都可以形成一粒種子。

蒲公英

有別於許多開花植物，蒲公英通常不需要授粉就能產生種子，這稱為無性生殖。不過，還是會有昆蟲來採集蒲公英的花粉和花蜜。像這樣有一方（昆蟲）獲得益處，而另一方（蒲公英）既沒有受益也沒有受害的關係，稱為片利共生。

春天生長

蒲公英的主根（主要的根）在地下度過了一整個冬天，等到春天才長出新葉，根部則深入土壤裡頭，取得植物生長所需的水和養分。

家鼠與人類

老鼠可以在我們的家裡找到棲身之所跟食物。就像蒲公英和昆蟲一樣，人類和老鼠之間也有片利共生的關係，換句話說，就是有一方受益，另一方則沒什麼好處。雖然老鼠可能會傳染疾病，但除了牠們的糞便和喜歡亂啃東西的習性之外，不算是給我們帶來什麼麻煩。

種子球

開完花之後，蒲公英會長出蓬鬆的白色種子球，裡面充滿了種子，只要一陣微風就能把種子吹走。

每顆種子都透過一根傘柄連接著「降落傘」，能夠隨風飄飛。

散播種子

大部分的種子會落在原本的植物（母株）附近，其他種子則隨風飄向遠方。雖然沒有經過授粉，這些蒲公英的種子仍會長成新植株，基因跟母株一模一樣，是母株的複製生物。

這個精緻小巧的降落傘，其實是由大約100根細毛構成的冠毛。

延伸閱讀

來認識必須授粉才能產生種子的開花植物：蘭花（58－59頁）和橡樹（62－63頁）。

鮣魚與鯊魚

鮣魚的頭上有一個吸盤，可以不造成傷害地吸附在體型比自己大的海洋生物身上，例如鯊魚。鮣魚可以讓鯊魚擔任自己的專屬司機、靠著鯊魚躲避敵人，還能吃鯊魚吃剩的食物殘渣。

擬蠍與昆蟲

體型極小的擬蠍是蠍子的親戚，會附著在飛蟲身上搭便車。牠們不會傷害附著的昆蟲，不過可以透過這種方式移動到超過自己能力所及的遠方。

61

延伸閱讀
認識其他常綠植物，例如巨型紅杉（54－55頁）和椰子樹（56－57頁）。

現在樹上充滿了夏季昆蟲的嗡鳴聲。

橡樹的雄花會產生花粉。雄花掛在長長的流蘇上，這種排列方式稱為柔荑花序。雌花則是一小簇生長在一起，比較不容易發現。

雌花透過乘風飛來的花粉受精，形成橡實。橡實有杯狀的木質結構保護。

春天
橡樹在冬天時會休眠，為春天儲存能量。隨著天氣變得越來越暖和，白天越來越長，枝頭嫩芽長成了新的綠葉，然後開出了花。同一棵橡樹會開出雄花，也會開出雌花。

夏天
在漫長而炎熱的夏日裡，樹葉吸收陽光，為樹木製造食物，這個過程就是光合作用。從花朵結出的橡實，會在夏天尾聲逐漸成熟。橡實是一種有硬殼的果實，這類果實稱為堅果。

散播種子
大多數的橡實還沒發芽就被吃掉了。不過，會吃橡實的動物也能幫助橡樹擴展到新的地方。松鼠會把橡實埋藏起來，留著過冬，但牠們有時候會忘記自己把橡實放到哪裡去了。鳥類在飛行途中，可能會意外弄掉橡實。這些被遺忘的橡實有機會在遠離母株的地方，長成一棵新的橡樹。

橡樹

橡樹不光只是一棵樹而已，還是多達 350 種昆蟲和許多動物的家。橡樹和其他落葉植物一樣，會隨著季節變化。橡樹的種子存在於橡實（橡樹的果實）裡面，一棵橡樹每年可結出 9 萬顆橡實。

橡實成熟後，就會從枝條掉落到地面上。每顆橡實裡都有一顆種子，可以長成一棵新的橡樹。

秋天

秋風把橡實從樹上吹落。氣溫逐漸變冷、白晝越來越短，橡樹也開始為冬天做準備，原本綠色的葉子轉變成黃色、橘色和紅色，然後落到地上。

冬天

冬天很寒冷，白晝也十分短暫。雖然橡樹的枝條光禿禿，看起來死氣沉沉，但實際上還活著。橡樹正處於休眠狀態，就像動物的冬眠一樣。

真菌

到了最後，年老的橡樹會染上真菌，開始腐爛。受到感染而變得脆弱的樹幹，很容易因為上方樹枝太重或強風吹襲而斷裂。

落葉植物

這棵櫻桃樹和橡樹一樣屬於落葉植物，每年秋天時落葉，到了春天會長出新葉，並開出粉紅色的花朵。常年綠葉的樹木，例如松樹，則稱為常綠植物。

63

捕捉食物

捕蟲夾的表面有細小的纖毛，對觸碰很敏感。如果蒼蠅在 20 秒內碰觸纖毛兩次，捕蟲夾就會猛然關起來，這樣捕蠅草就能吃掉蒼蠅柔軟的身體，並吸收養分。當捕蟲夾重新打開時，殘骸會被風吹走或被雨水沖走。

一隻蒼蠅被花蜜吸引而來，降落在陷阱上。

蒼蠅一碰到纖毛就觸發陷阱，捕蟲夾立刻緊緊閉上。

刺毛讓蒼蠅無法從捕蟲夾中脫身。

捕蟲夾中的腺體釋放出消化液，將蒼蠅分解成液體，方便消化。

捕蟲夾是位於葉子尖端的一對裂片，各有一側連在一起。

萌芽生長

捕蠅草的種子在泥濘的土壤中發芽（萌發），慢慢茁壯，長出幾片長長的葉子。每片葉子尖端都有一對裂片，各有一側連在一起，另一側的邊緣長著形似梳子的堅硬刺毛。裂片會產生甜美的花蜜來吸引昆蟲，例如這隻蒼蠅。

捕蠅草在野外環境可以存活超過20年。

延伸閱讀
來看看跟昆蟲關係比較友善的植物：蘭花（58—59頁）和大王花（66—67頁）。

產生種子

成功授粉後的花會產生圓圓的黑色種莢，裡頭的細小種子大約會在授粉的四到六週之後成熟。捕蠅草還有另一種繁殖方法，就是從地下莖（又稱為根莖）長出獨立的新植株。

開出花朵

捕蠅草可能需要三到四年才能開花。花朵會從長長的莖上長出來，比捕蟲夾高很多，這樣可以防止被花朵香氣吸引而來的授粉昆蟲意外落入捕蟲夾之中。

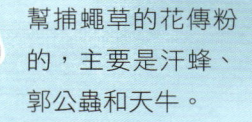

幫捕蠅草的花傳粉的，主要是汗蜂、郭公蟲和天牛。

敏感的植物

含羞草又叫做害羞草、感應草，是另一種反應快速的植物。只要碰一下含羞草，葉子就會很快地垂下閉合，讓自己看起來不好吃，促使想吃嫩葉的動物去尋找其他食物。

捕蠅草

長相奇特的捕蠅草是一種食蟲植物，會用陷阱捕捉毫無戒心、誤入捕蟲夾的昆蟲和蜘蛛，並且把牠們「吃掉」。捕蠅草生長在貧瘠的沼澤地帶，土壤中幾乎沒有養分，所以捕蠅草透過這種方式吞噬獵物，獲得生存所需的大部分營養。

豬籠草

豬籠草有一個形狀像罐子的捕蟲籠，邊緣會分泌花蜜吸引昆蟲前來，內壁的蠟質表面十分光滑，受到誘惑的昆蟲一不小心就會滑倒掉進陷阱裡，被捕蟲籠底部的液體淹死，然後被吃掉。

絞殺榕

跟大王花不同，絞殺榕會殺死自己的寄主。絞殺榕的種子會在寄主樹的高枝縫隙中萌芽，然後往地面長出根系紮根，「絞殺」寄主樹，讓寄主樹枯萎死亡。

沙漠蛛蜂

沙漠蛛蜂會用毒素讓蜘蛛麻痺，然後在蜘蛛的腹部產卵。幼蜂孵化後會鑽進蜘蛛體內進食，不過會避開重要器官，儘量讓蜘蛛活久一點。

大王花

大王花又名腐肉花，是世界上單一花朵最大的植物。通常在看到大王花之前，就會先聞到它的味道，因為大王花會散發出一股腐肉的臭味！這種不可思議的植物隱藏在森林中，寄生於藤本植物的莖裡，只有開花的時候，才能真正看到大王花。

萌發花芽

大王花的細絲在藤本植物內部到處生長，長達 18 個月。到了大王花準備開花的時候，就會撐開藤蔓的木質表皮，露出花苞來。花苞可能需要長達 9 個月的時間才能發育成熟，完全成熟的花苞看起來就像一顆大大的高麗菜。

寄生爬藤上

大王花的種子寄住在藤本植物的根部或莖部裡，發芽之後，會長出細小的絲來吸收水分和養分。被寄生的藤本植物可能會因此變得衰弱，但是不會死。

寄主藤蔓的葉子

巨花綻放

綻放開來的大王花奇大無比，散發出腐肉般的惡臭。這是因為大王花需要靠麗蠅授粉，而麗蠅以腐肉為食，當麗蠅聞到這股奇異的氣味，就會被大王花騙來了。

大王花的寬度可超過1公尺（3英尺）。

富有果肉的果實

幾天之後，巨大的大王花就會枯萎，變成一團黏呼呼的黑色物質。這種花結出的果實有木質化的外皮和柔滑的奶油色果肉，裡面含有幾千顆微小的種子。

散播種子

果實吸引了樹鼩和其他動物，牠們會用爪子挖出果肉吃掉，透過糞便、毛皮和爪子，將大王花的種子散播到森林各處。

延伸閱讀

還有什麼植物是透過昆蟲授粉？來認識椰子樹（56－57頁）和捕蠅草（64－65頁）。

Animals
動物

動物有各式各樣的種類，也有著多元的生命週期。有些動物的繁殖方式是在寬廣的水域中排出精子和卵子，能不能結合受精全靠運氣；有些動物則必須找到異性交配，才能孕育後代。而且，有很多動物會照顧孩子，讓下一代的生存機會更高。

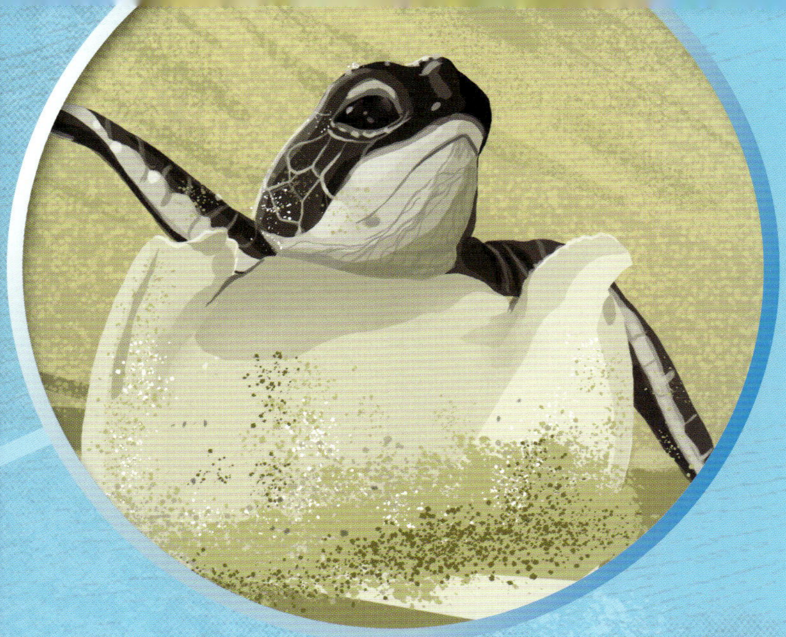
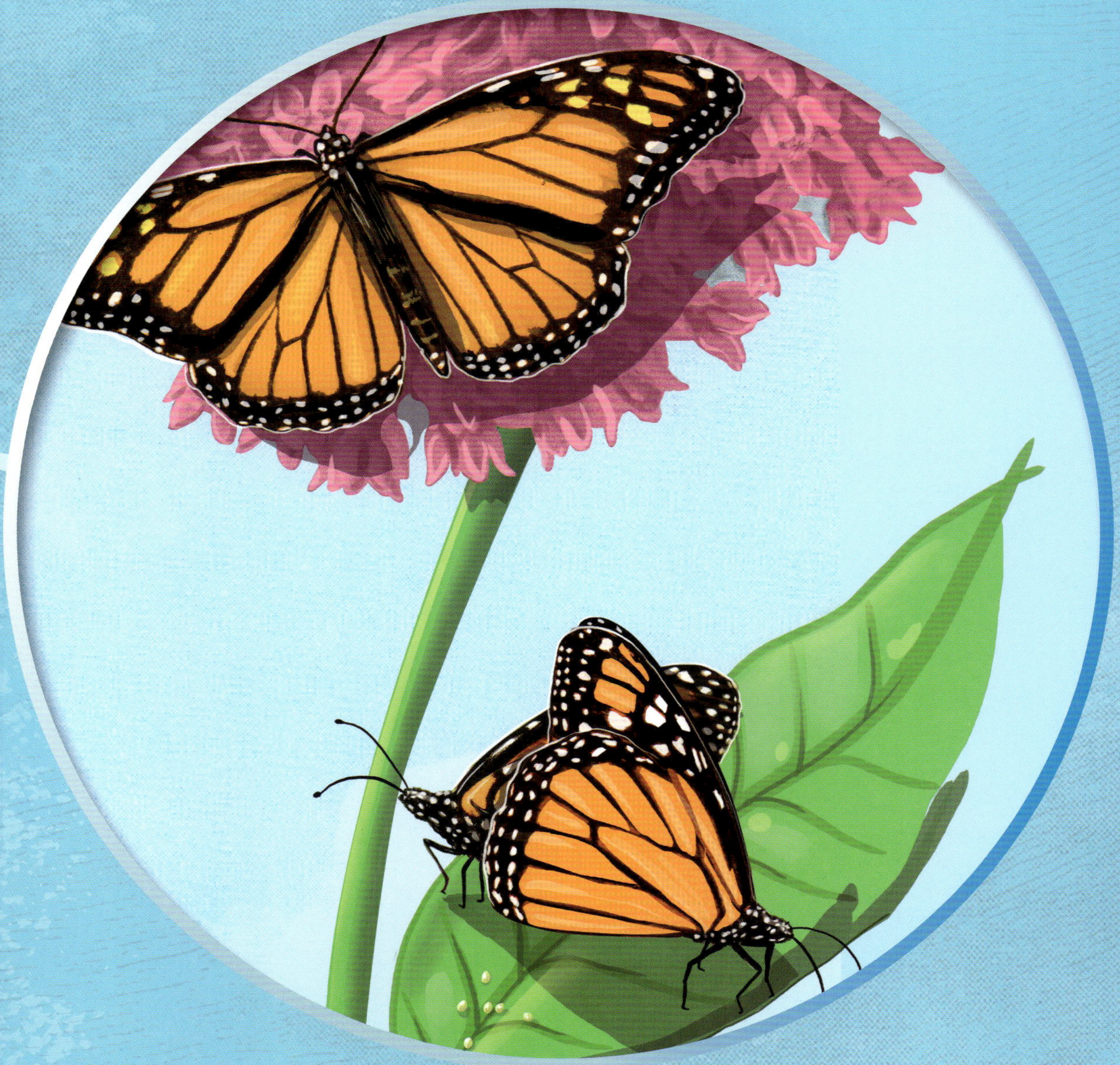

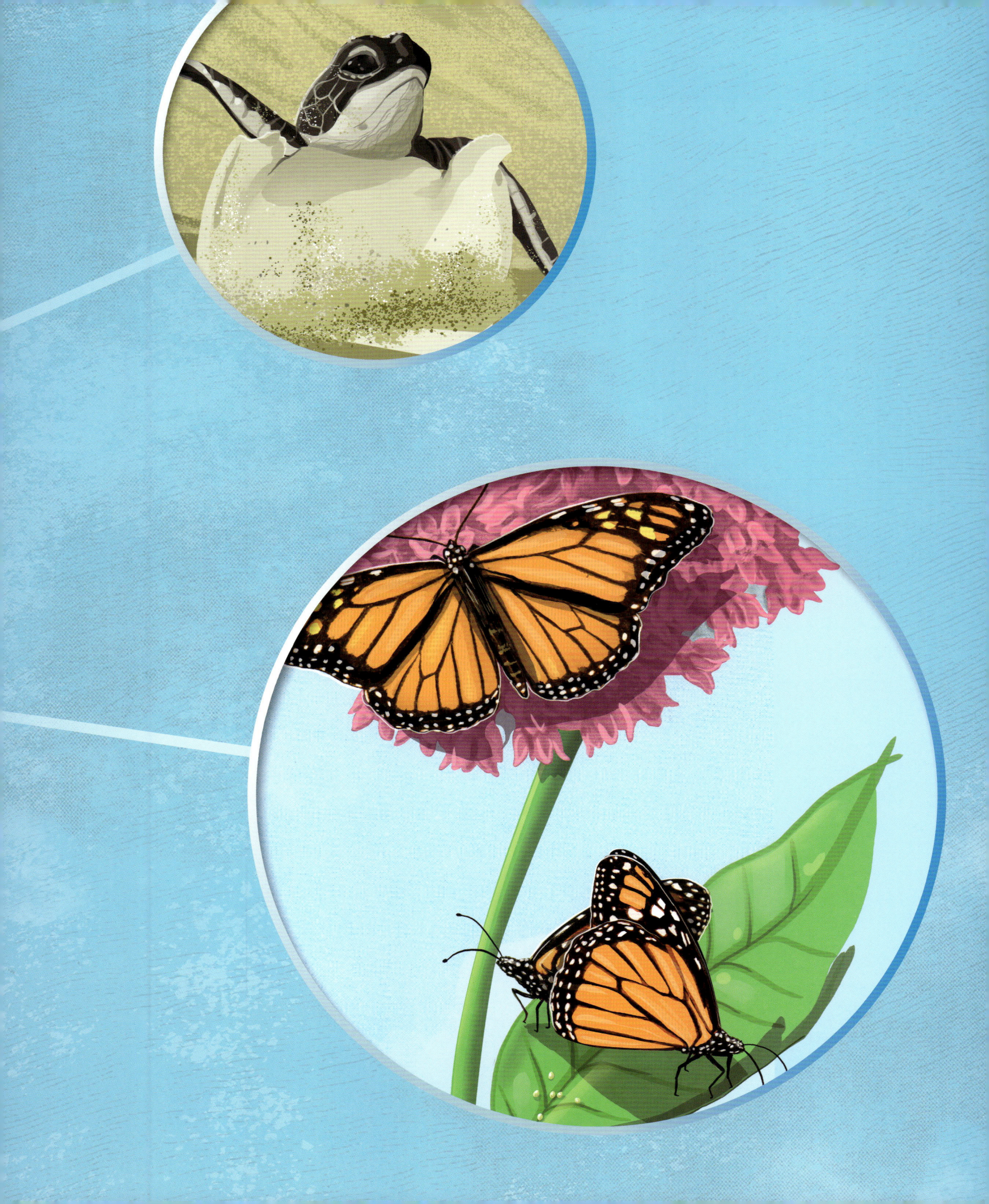

章魚

章魚是很聰明的動物,智商在動物當中名列前茅。以北太平洋巨型章魚來說,牠們聰明到能學會怎麼開罐子,還能在迷宮中找到食物。不過,這種章魚不太善於交際,雄性和雌性不會生活在一起。牠們會捕獵各種海洋生物,包括其他體型較小的章魚。

化學吸引力

為了吸引雄性,雌章魚會分泌一種化學物質。雄章魚靠近時,皮膚顏色會變深,牠會用八隻腳的其中一隻進行交配。大約一個月之後,雄章魚就會死亡。

一串串的卵

交配之後,雌章魚會產下多達10萬顆卵,並將這些卵像成串的珍珠一樣掛在巢穴裡。雌章魚會一直保護這些卵並維持清潔,直到七個月後卵孵化為止,然後牠就會死去。

成長茁壯

年輕的章魚長到三歲至五歲左右就可以交配。成年的北太平洋巨型章魚非常強壯，力氣大到可以用八隻腳移動重達 320 公斤（700 磅）的東西，這個重量相當於一隻小豬。

延伸閱讀
認識海洋中的珊瑚生態系（72–73頁）。

章魚會吃螃蟹和其他海洋生物。

小章魚孵化

破卵而出之後，小章魚會浮到水面附近，加入浮游生物（漂浮在水中的微小生物）的行列。牠們會這樣生活幾個月，之後再游回海底。

擬態章魚
擬態章魚是唯一能模仿其他動物的海洋生物，甚至能巧妙偽裝成海蛇等有毒動物。牠們能夠改變自己的顏色、形狀和紋理。

邊蛸
邊蛸又稱條紋蛸，能以兩隻腳行走，用另外六隻腳帶著蚌殼或椰子殼移動，就好像移動式房屋一樣。

船蛸
雌船蛸不會在巢穴或洞穴中產卵，而是分泌（產生）出一個殼狀的卵盒來保護卵，然後住在裡面。

集體產卵

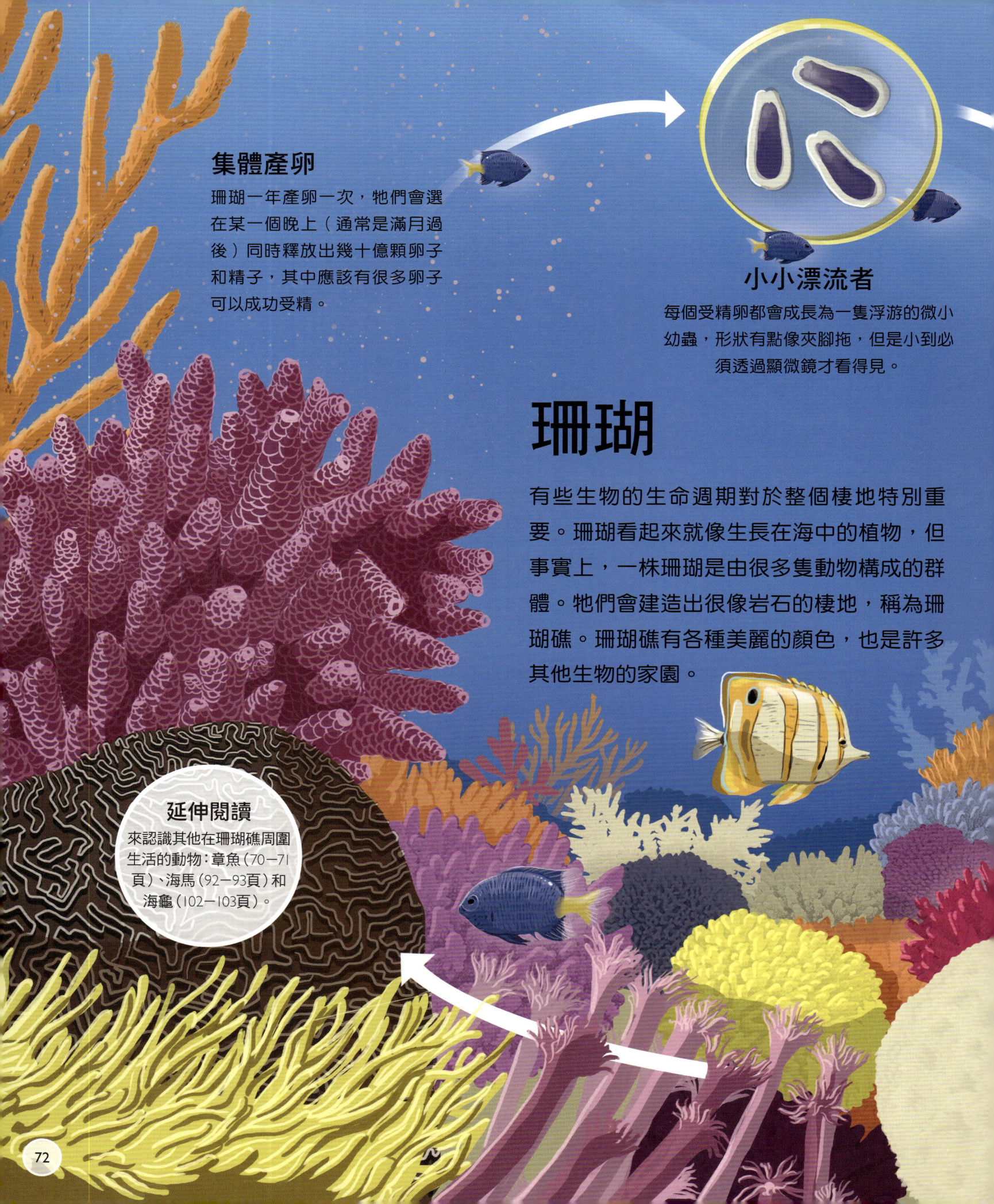

珊瑚一年產卵一次，牠們會選在某一個晚上（通常是滿月過後）同時釋放出幾十億顆卵子和精子，其中應該有很多卵子可以成功受精。

小小漂流者

每個受精卵都會成長為一隻浮游的微小幼蟲，形狀有點像夾腳拖，但是小到必須透過顯微鏡才看得見。

珊瑚

有些生物的生命週期對於整個棲地特別重要。珊瑚看起來就像生長在海中的植物，但事實上，一株珊瑚是由很多隻動物構成的群體。牠們會建造出很像岩石的棲地，稱為珊瑚礁。珊瑚礁有各種美麗的顏色，也是許多其他生物的家園。

延伸閱讀

來認識其他在珊瑚礁周圍生活的動物：章魚（70–71頁）、海馬（92–93頁）和海龜（102–103頁）。

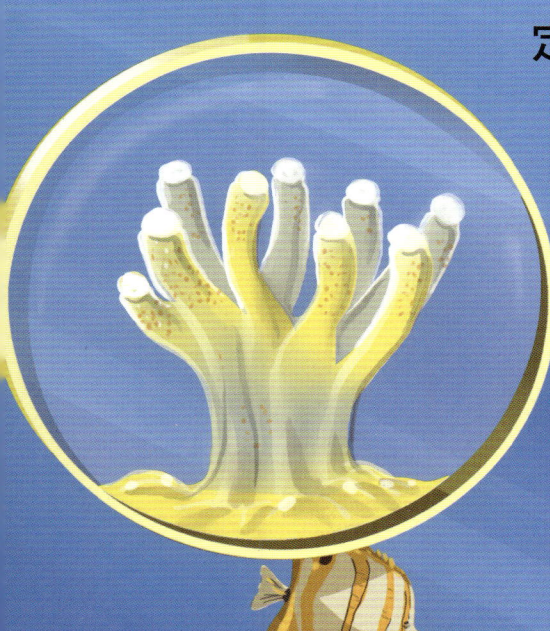

定居下來

大多數的珊瑚幼蟲會被魚類和其他動物吃掉，不過也有少數存活下來，定居在海底的岩石底質上。這時候的珊瑚幼蟲會長出觸手，變成像花一樣的小生物，稱為珊瑚蟲。

建立群體

每個珊瑚蟲的底部周圍都會長出一層薄薄的構造，並冒出更多的珊瑚蟲，形成一個群體。珊瑚下方會長出堅硬的石灰質骨骼，並且逐漸變厚，形成珊瑚礁。

珊瑚蟲會用有刺的觸手捕捉非常微小的動物。許多珊瑚蟲身上有藻類，這些藻類利用陽光的能量來生產食物，就跟植物一樣。

珊瑚上的生物

珊瑚礁可以為幾千種動物提供食物和藏身之處，包括螃蟹、海葵跟魚類在內。有些珊瑚會長出向上分支的枝條，例如鹿角珊瑚；也有些珊瑚會變成巨大的珊瑚丘。

海中好朋友

海葵擁有帶刺的觸手，能保護小丑魚不受大型魚類捕食。小丑魚身上覆蓋著厚厚的黏液，所以不會被海葵蜇到。為了回報海葵，小丑魚會把吃剩的食物殘渣留給海葵享用。

條紋蓋刺魚

有些魚類在成長過程中會改變外觀。幼魚時期的條紋蓋刺魚有著與成魚完全不同的圖案，看起來就像不同種類的魚。

珊瑚農場

令人哀傷的是，許多珊瑚礁因汙染和過度捕撈而遭到破壞。因此，有些科學家在海中苗圃養殖珊瑚，希望有助於復育。

沙蠶
沙蠶與蚯蚓不同，有雌雄之分。這種環節動物棲息在海邊，交配之後就會死亡。

散斑角蝸牛
這種蝸牛是雌雄同體，會先互相求愛再交配。牠們會用稱為「愛之飛鏢」的小針互相射擊，這樣可以增加精子的成功率。

蓋刺魚
蓋刺魚擁有雄性和雌性的生殖器官，不過並非同時存在。幼魚剛出生時是雌性，但隨著年齡增長，可能會變成雄性；這種情況多半發生在一隻年長的雄魚死去時，會有一隻雌魚轉變成雄性，接管牠的地盤。

蚯蚓在各種鳥類眼中都是美味的零食，對於這隻知更鳥來說也不例外。

蚯蚓常被稱為「夜行蟲」，因為牠們喜歡在夜裡爬到地面上，尋找枯葉來吃。

成蚓
幼蚓以植物和水果的殘骸為食，要經過三個月才能成長為成蚓。一隻蚯蚓若能順利躲開飢腸轆轆的鳥兒，可以活到10年之久。

孵化
蚯蚓卵繭的大小跟葡萄籽差不多，有一層堅硬的外殼，其中包含多達20個受精卵，但其中只有少數會在三到六個月後孵化，長成幼蚓。

緊密相貼

每條蚯蚓身上都有一個特別厚的環，稱為環帶。環帶會產生黏稠的黏液，幫助兩隻蚯蚓在交配時緊密貼合。他們會交換精子，讓彼此的卵子受精。

蚯蚓通常在地面上交配。

環帶

蚯蚓是用位於環帶和頭部之間的器官產生精子與卵子。

蚯蚓

蚯蚓幾乎一生都在地下度過，讓人很容易忘記牠們的存在。不過，牠們的生命週期非常特別。有別於大多數的動物，蚯蚓是雌雄同體，也就是說，每條蚯蚓都同時具備雄性和雌性的生殖器官。

卵繭收集精子和卵子時，會讓精卵混合在一起，達到受精的目的。

交配過程中取得的精子，會儲存在蚯蚓體內小小的儲精囊中。

產生卵繭

交配完後，兩隻蚯蚓分別用自己的環帶形成卵繭。卵繭會向前滑動，沿途收集精子和卵子，然後從蚯蚓的頭部滑落。

卵繭有堅硬的外殼，可以保護蚯蚓寶寶不受掠食者和寄生蟲侵害。

延伸閱讀
大多數的植物同時具有雄性和雌性的生殖器官，來看看紅杉（54－55頁）、蒲公英（60－61頁）和橡樹（62－63頁）的介紹吧！

75

蜘蛛

許多蜘蛛會吐蜘蛛絲，製作出有黏性的網子來捕捉獵物。黃黑相間的金園蛛會織出像腳踏車車輪一樣的蛛網來捕捉飛蟲，包括蒼蠅、蚱蜢和胡蜂。雌蜘蛛是主要的結網者，每天都會編織一張新的蛛網。

精心包裝的禮物

雄性的奇異盜蛛會用蛛絲將食物包裹起來，當成禮物送給牠想要交配的雌蜘蛛。如果雄蜘蛛兩手空空地前來，比較有可能被雌蜘蛛吃掉。

幽靈蛛

雌性幽靈蛛會用幾根絲將卵網在一起，用大顎啣著，直到卵孵化。在這段期間，幽靈蛛媽媽完全無法進食。

編織蛛網

雌蜘蛛將蜘蛛絲黏在植物莖部等物體的表面，做出蛛網的框架。接著，牠會繞著網子用沒黏性的乾絲來穩固結構，最後再加上一圈有黏性的絲。

這些絲線從中心向外輻射，就像腳踏車車輪的輻條一樣。

蜘蛛產絲的器官位於腹部末端，稱為絲疣。

蜘蛛會待在蛛網中央，等待昆蟲自投羅網。

之字形的隱帶能讓鳥類看得到蛛網，避免鳥兒誤入網中。

螺旋狀的黏性絲可以困住停在蛛網上的昆蟲。

打拍子示愛

雄蜘蛛來向雌性求愛時，會拉動蛛線讓蛛網振動，就像打拍子一樣。如果雌蜘蛛喜歡這個振動頻率，就會跟對方交配。雄蜘蛛會在交配過程中死亡，有時雌蜘蛛交配完會吃掉雄蜘蛛的屍體。

雄蜘蛛有時會揮動腳部跳舞，好讓雌蜘蛛留下深刻印象。

76

隆頭蛛

許多種類的蜘蛛都是雄性的體型比雌性小得多，但隆頭蛛的雌性和雄性是連顏色也不同，雄性隆頭蛛的身體呈現鮮紅色，帶有斑點，雌性則是漆黑的身體。

蠍子

剛孵化的蠍子外骨骼還很柔軟，所以很脆弱。為了安全起見，小蠍子會趴在母親的背上，直到外骨骼變硬，才會離開母親展開自己的生活。

製作卵囊

雌蜘蛛會將卵產在絲墊上，再用更多蜘蛛絲覆蓋起來，做成球形的卵囊，並固定在附近的物體表面上。

小小若蛛

卵囊中的卵可孵化出 300 至 1,400 隻小蜘蛛（若蛛）。在氣候比較冷的地方，秋天孵化的若蛛會在卵囊中一直待到春天，以免被冷死。

乘風遠遊

有些若蛛則會留在孵化處的附近，其他若蛛則會拉出一縷細絲乘風而起，隨風飛到新的地方，尋找比較容易覓得食物和配偶的棲地。這種遷移方式稱為空飄行為。

雌蜘蛛會一直守在卵囊旁邊，但是到天氣變冷時往往就會死去。

延伸閱讀

來認識眼鏡王蛇（104－105頁）這種蛇不但有毒，雌蛇也同樣有護卵行為。

螞蟻

在世界上，可能沒有什麼動物的家庭規模能比螞蟻更大了。一群螞蟻的數量可以高達上萬隻，而且全都由同一個母親所生，那就是負責產卵的蟻后。大多數種類的螞蟻都生活在蟻穴中，不過來自南美洲雨林的行軍蟻會不斷地移動，一邊捕食獵物。

蟻后

蟻后的身體特別膨大，每週能產下幾萬顆卵。產卵期間，工蟻會聚集在蟻后周圍，建立層層保護。

→ 當蟻群駐紮在一個地方時，稱為蟻營。

大軍行進

在幼蟲成長的同時，整個蟻群會遷移到其他地方。行軍蟻在行進時會排成充滿攻擊性的大軍，沿著用氣味標記的路徑前行，沿路還會攻擊途中遇上的小型動物。

→ 行軍蟻會朝著昆蟲等獵物蜂擁而上，用毒刺殺死獵物，然後將獵物支解開來，成為蟻群的食物。

→ 行軍蟻基本上看不見，是靠著觸覺和嗅覺來移動。

從卵到幼蟲

每顆卵都會發育到下一個階段，變成一隻隻蠕蟲狀的幼蟲，由工蟻負責照顧。隨著幼蟲越來越多，蟻群也變得越來越興奮躁動。

從幼蟲到蛹

每隻幼蟲會化成一個蛹，這是螞蟻完全改變形態、發育為成蟲的必經階段。幼蟲和蛹無法行走，必須由成蟻來搬運。

→ 這隻成年工蟻帶著一個蛹移動。

成蟻的種類

蛹會發育出不同種類的成蟻，分為雌性的特化工蟻和工蟻，以及雄蟻，大家各司其職。

雄蟻

蟻后也會產下未受精的卵，從這些卵孵化出來的媽媽蟻定雄性，稱為雄蟻。和其他螞蟻不同的是，雄蟻擁有翅膀，可以飛到別的蟻群跟對方的蟻后交配。

延伸閱讀

其他昆蟲的成年雌性有什麼樣的繁殖習性呢？來認識蝴蝶（80－81頁）和蜻蜓（82－83頁）的生命週期。

工蟻

其他成蟻都是工蟻，他們會殺死小型動物作為蟻群的食物，也會在蟻群移動時搬運幼蟲和蛹。工蟻跟特化工蟻一樣，是由受精卵發育而來。

特化工蟻

大頭最大的成蟻稱為特化工蟻，他們是蟻后的女兒，由受精卵發育而來。特化工蟻的攻擊性最強，會啃咬敵人以保衛蟻群。

泥壺蜂

還有一些胡蜂會用泥土築巢，泥土乾燥後形成堅硬的容器，看起來就像陶罐一樣。

造紙胡蜂

有些種類的胡蜂會咬下木材和植物纖維，跟唾液混合之後用來築巢，這種像紙漿的混合物在陽光下硬化，就成了堅固的蜂窩。

蜜蜂

與行軍蟻不同，蜜蜂生活在固定的巢穴中，稱為蜂巢。蜜蜂不吃肉，而是以花粉和花蜜為食。

蝴蝶

翩翩起舞的蝴蝶，看起來跟小時候爬來爬去的毛毛蟲模樣一點也不像。這是因為蝴蝶的一生中會經歷巨大的變化，稱為完全變態。圖片中的帝王斑蝶跟其他完全變態的昆蟲一樣，會經歷四個生命階段：卵、幼蟲、蛹和成蟲。

毛毛蟲

帝王斑蝶的毛毛蟲會啃食乳草，這是牠們唯一能吃的植物。在成長過程中，毛毛蟲會經過好幾次的蛻皮。蛻皮時，舊的表皮會裂開，毛毛蟲扭動著從裡面爬出來，形成新的表皮。

每條毛毛蟲都靠著一條絲線懸掛在植物上，身體呈現「J」字形。

蝴蝶剛破蛹而出時，翅膀又皺又濕。

蛹殼

大約兩個星期之後，帝王斑蝶的毛毛蟲就完全長大了。在第五次，也是最後一次的蛻皮之後，牠會製造出吊掛的蛹殼。蛹殼像豆莢一樣包裹住爬行的幼蟲，讓牠們在裡面變成會飛行的成蟲。

這些沒有翅膀的小毛毛蟲會用短短的腳爬行。

蝶卵孵化

帝王斑蝶的卵只需要幾天就能孵化，孵出的幼蟲稱為毛毛蟲，體型非常小，幾乎看不見。牠們會把卵殼吃掉，然後開始食用乳草。

毛毛蟲能用剪刀般的雙顎咬下樹葉。

延伸閱讀

其他昆蟲的變態型態是什麼呢？來看看螞蟻（78-79頁）和蜻蜓（82-83頁）的成長史。

等蝴蝶的翅膀乾燥，就可以展開。

大規模遷徙
秋天，數百萬隻帝王斑蝶從加拿大和美國南下，前往墨西哥過冬。牠們在樹上大量群聚，一起取暖，到了春天再飛回北方。

成蝶
經過八到十四天之後，蛹殼裂開，蝴蝶破蛹而出。破蛹大約一個小時過後，蝴蝶就可以飛翔了。此時的蝴蝶不會像毛毛蟲時期那樣嚼食葉子，而是透過一根稱為喙管的長管吸食花蜜。

帝王斑蝶離開蛹殼之後，大約三到八天即可繁殖。

有些帝王斑蝶會從加拿大遷徙到墨西哥，距離超過 5,000公里（3,000 英里）。

蛾類的絲繭
蛾類跟蝴蝶一樣會經歷完全變態，但有許多蛾不會形成堅硬的蛹殼，而是藉由吐絲製作出一層稱為繭的絲狀結構，在其中變成蛹。有些絲可以用來製作衣物。

產卵
雌蝶交配之後隨即開始產卵。這些卵大概只有大頭針的圓頭那麼大，雌蝶會一顆顆產下卵，讓卵黏在乳草葉片上面。雌性帝王斑蝶一生可產下 300 至 500 顆卵。

乾燥變硬

蜻蜓等待著自己的腿和身體變硬,也讓翅膀在陽光下變乾。接著牠就會開始尋找食物,例如蚊子、蒼蠅、蜜蜂和蝴蝶等,也會開始尋找配偶。

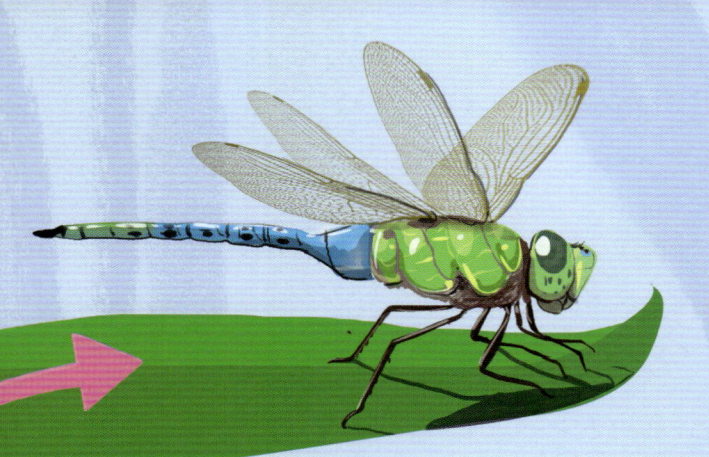

剛羽化的成蟲將柔軟的新身體從舊蛻殼中拉出來,小心地伸直腹部。

蜻蜓

飛行速度很快的蜻蜓(例如圖片中這隻綠蜻蜓),經常在湖泊、池塘和溪流附近的空中飛翔。稚蟲時期的蜻蜓稱為水蠆,外觀跟成年蜻蜓有點相似,但是沒有翅膀。水蠆會蛻去外骨骼(身體外層的骨骼),最後羽化成為成蟲,這個過程稱為不完全變態。

羽化

水蠆離開水中,準備進行生命中最後一次蛻皮。牠身體鼓脹起來,把外骨骼撐出裂縫,從裡面鑽出來,準備進入蜻蜓的成年階段。

水蠆來到水面上,通常是藉由爬上植物莖部離開水中。

蜻蜓的翅膀強而有力,能以每小時50公里(30英里)的速度飛行。

蛻皮

水蠆不具備彈性的外皮,牠們體外覆蓋著一層堅硬的物質,稱為外骨骼,必須定期蛻掉外骨骼(蛻皮)才能成長。每次蛻皮之間的階段稱為齡期。

延伸閱讀

蜻蜓的生命週期,與同樣經歷不完全變態的螳螂(84－85頁)有什麼不同呢?比較看看吧!

水蠆開始長出成年蜻蜓的翅膀,不過暫時還隱藏在翅芽內。

交配

交配時，雄蜻蜓會用腹部末端（看起來像長尾巴）的攫握器抓住雌性的頭部。雌蜻蜓則會蜷曲身體，將腹部彎到雄性下方，以便讓卵子受精。

蜻蜓除了在停棲時交配，也可以在空中一邊飛翔一邊交配。

產卵

雌綠蜻蜓在水生植物的莖部製造出小縫，插入其中產卵。當雌蜻蜓產卵時，雄蜻蜓通常會緊抓著對方。

孵化

從卵中孵化出來的稚蟲稱為水蠆。水蠆在水中生活，透過直腸（底部）的鰓呼吸；根據蜻蜓的種類不同，水蠆會在水中生活幾個月，甚至幾年之久。

水蠆是兇猛的獵人，會捕食小魚、蝌蚪和昆蟲幼蟲。

史前祖先

根據化石證據顯示，蜻蜓的祖先大約在3億年前就出現了。有些古代蜻蜓大得嚇人，翼展可長達60公分（2英尺）。

蚊子

蚊子和蜻蜓一樣，幼年時期也生活在水中。與蜻蜓不同的是，蚊子屬於完全變態的昆蟲；幼蟲（孑孓）會先變成漂浮的蛹，才會轉變為有翅膀的成蟲。

蜉蝣

蜉蝣的幼年期也是在水中度過，成年之後才會飛到空中，但是成蟲的壽命通常不到一天。成年蜉蝣不會進食，而是把握極為短暫的時間交配繁殖，然後就會死去。

83

螳螂

螳螂是致命的掠食者，能用長著刺的前肢抓住獵物，然後用大顎將獵物撕碎。即使是對同類來說，螳螂也相當危險。包括圖中這隻薄翅螳螂在內，許多雌螳螂都會在交配之後吃掉雄螳螂，這是因為雄性體內的營養素可以幫助雌螳螂產生更多的卵。

準備繁殖
雌性薄翅螳螂準備繁殖時，會向空氣中釋放一種叫做費洛蒙的化學物質來吸引雄性。

慢慢來
一隻雄螳螂來了，牠小心翼翼地靠近雌螳螂，站在對方身後，以免在交配之前遭到雌螳螂攻擊。

吃掉伴侶
雌螳螂在交配之後，甚至在交配過程當中，有可能會吃掉自己的雄性伴侶。牠會先咬掉對方的頭，然後吞噬身體的其餘部分。

抓好了！
雄螳螂一躍跳到雌螳螂的背上，用觸角撫摸雌螳螂讓對方平靜下來，之後就開始交配。

虛張聲勢
許多螳螂在受到威脅時會挺直身體、張開前肢並伸展翅膀，讓自己看起來更巨大、更可怕，這個模樣足以嚇退一些掠食者。

雌性的天下
北美竹節螳是個只有雌性的物種，所以沒有雄螳螂可以吃！這種螳螂的後代是母親的小小複製品，擁有相同的基因。像這樣的繁殖方式稱為孤雌生殖。

84

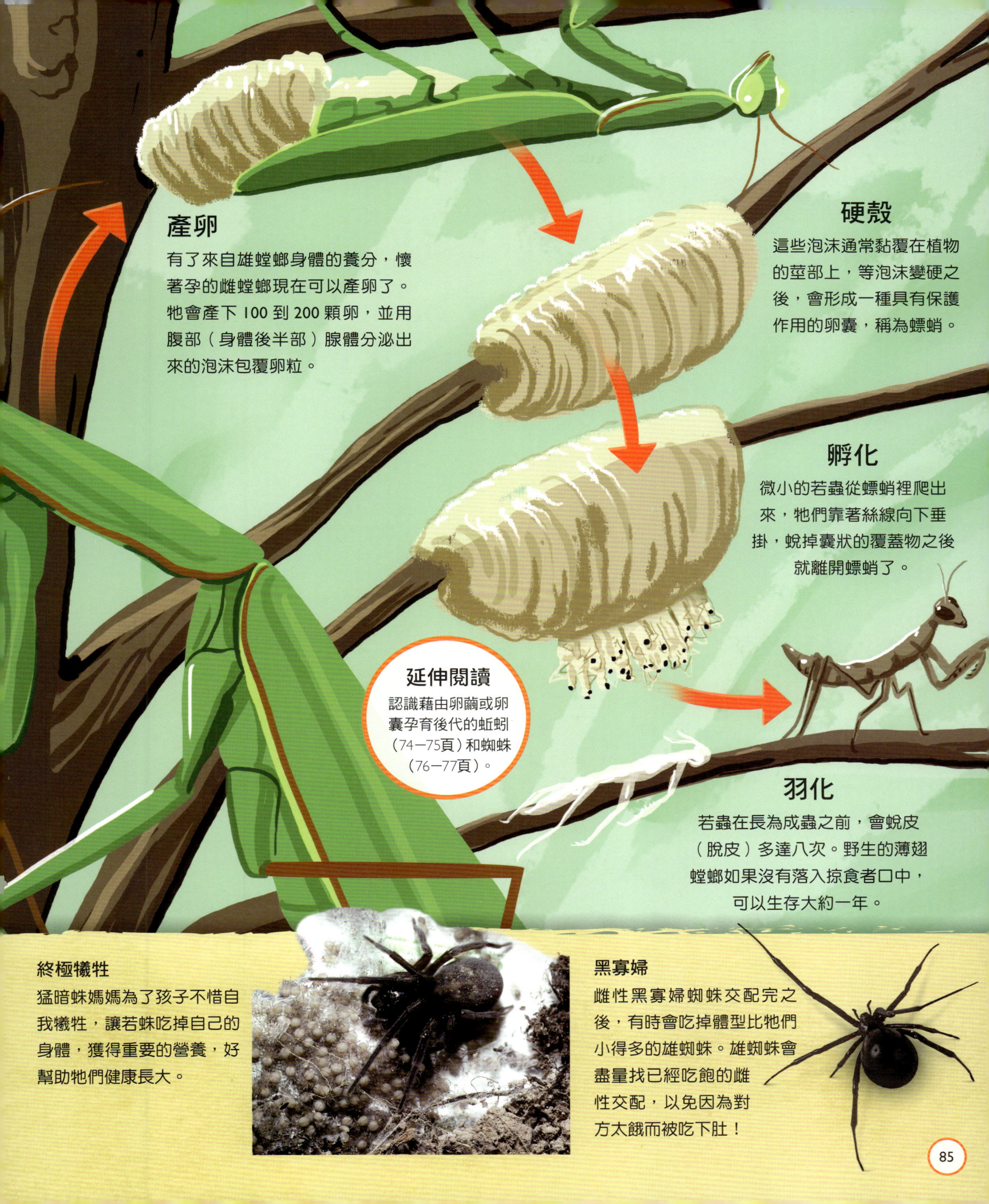

產卵

有了來自雄螳螂身體的養分，懷著孕的雌螳螂現在可以產卵了。牠會產下 100 到 200 顆卵，並用腹部（身體後半部）腺體分泌出來的泡沫包覆卵粒。

硬殼

這些泡沫通常黏覆在植物的莖部上，等泡沫變硬之後，會形成一種具有保護作用的卵囊，稱為螵蛸。

孵化

微小的若蟲從螵蛸裡爬出來，牠們靠著絲線向下垂掛，蛻掉囊狀的覆蓋物之後就離開螵蛸了。

延伸閱讀

認識藉由卵繭或卵囊孕育後代的蚯蚓（74－75頁）和蜘蛛（76－77頁）。

羽化

若蟲在長為成蟲之前，會蛻皮（脫皮）多達八次。野生的薄翅螳螂如果沒有落入掠食者口中，可以生存大約一年。

終極犧牲

猛暗蛛媽媽為了孩子不惜自我犧牲，讓若蛛吃掉自己的身體，獲得重要的營養，好幫助牠們健康長大。

黑寡婦

雌性黑寡婦蜘蛛交配完之後，有時會吃掉體型比牠們小得多的雄蜘蛛。雄蜘蛛會盡量找已經吃飽的雌性交配，以免因為對方太餓而被吃下肚！

水中的生物

水覆蓋了地球表面將近四分之三的面積，最早的生命也是在海洋中演化而來，這也難怪有那麼多生物以水為家了。有些動物有鰓，一生都在水中度過；也有一些動物需要呼吸空氣，必須偶爾浮出水面才能生存。

淡水

河流
淡水以雨水的形式降落到陸地上，匯集到水道中，最終流向海洋。從潺潺流淌的小溪、奔騰飛瀉的瀑布到寬闊緩慢的大河，無論哪個階段，都有生命在其中蓬勃發展。

棲息在河流中的海牛。

龍蝨可以在小池塘中生存。

沼澤和濕地
有些植物可以在水池中紮根，有些植物則是漂浮在水面上，形成茂密的植被。像這樣的沼澤和濕地，為掠食者跟獵物雙方都提供了良好的掩護。

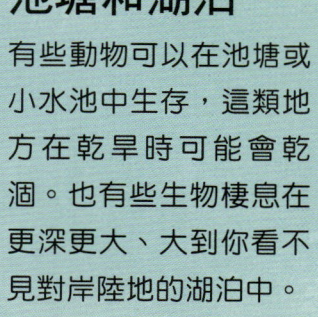

池塘和湖泊
有些動物可以在池塘或小水池中生存，這類地方在乾旱時可能會乾涸。也有些生物棲息在更深更大、大到你看不見對岸陸地的湖泊中。

棲息在南美洲亞馬遜河沼澤地帶的凱門鱷，牠們會捕食魚類，偶爾也吃水鳥。

珊瑚礁
被稱為珊瑚蟲的微小海葵狀動物生長在群落中，形成我們稱為珊瑚礁的硬質骨骼。珊瑚礁生長在溫暖的海岸線附近，比起其他海洋棲地，棲息在珊瑚礁的物種更為豐富。

紅樹林沼澤地
由於海水含有鹽分，能夠在海水中生存的陸地植物很少，不過紅樹林是例外。紅樹林生長於熱帶地區海岸線的泥土中，為生活在陸地和海洋之間的動物提供了棲息的林地。

86

需要呼吸空氣的海豹,靠著冰層上的洞生存。

身形巨大的爐管海綿,棲息在珊瑚礁上面。

極區海洋

在地球的南北兩極,太陽光線較弱,無法提供足夠的熱量,因此海洋溫度很低,寒冷到海面會結冰的程度。然而,冰層下方的海洋裡還是生機勃勃,有著豐富的海洋生物可供捕食,讓各種魚類、海豹和鯨魚得以生存。

海水

深海

深海是地球上最大的生物棲息地。因為陽光照射不到,大部分地方都又冷又黑,但即使如此,這裡也有生命存在。

巨棘角鮟鱇棲息在大海深處,會用釣魚線般的發光構造引誘獵物。

開闊的海洋

漂浮在海洋表面的微小藻類,是魚類、鯨魚和其他海洋動物的美味食物。在開闊的海洋中,無處可以藏身,所以無論是要逃離危險還是捕捉獵物,動物們只能設法融入環境之中,或是用最快速度發揮本領。

虎鯨是大型的海洋掠食動物。他們會成群結隊狩獵,合作捕食海豹和其他獵物。

海岸

生活在沿海地區的動物當中,有些喜歡岩石嶙峋的硬質海岸,有些則適合覆蓋著泥土或沙子的軟質海岸。不過,棲息在海邊的所有動物都必須適應定期漲退的海洋潮汐。

海鳥

螃蟹

積存在海邊岩石之間的水形成潮池,為海葵和螃蟹等動物創造了棲息地。

海星

並肩共游
檸檬鯊在淺水區域交配。雄鯊會游到雌鯊身旁，用嘴咬住雌鯊的胸鰭，拉近雙方的距離，並準備交配。

遷徙繁殖
雄性和雌性檸檬鯊大量群聚在一起，進行長途遷徙，從原本獵食的海域前往牠們的繁殖地。

前往育幼地
經過10到12個月，到了要生產的時候，雌鯊會游到紅樹林邊緣。這裡是「育幼地」，幼鯊出生後將在這裡度過第一年。

鯊魚

和大多數鯊魚一樣，雌性檸檬鯊是以胎生的方式直接生下寶寶，而且幼鯊一出生就會游泳。母鯊會在特殊的「育幼地」附近生下幼鯊，例如靠近海邊的紅樹林，因為這裡有許多藏身之處和豐富的食物，能讓幼鯊更有機會存活下來。

尾巴先出生
雌鯊每胎可產下10隻以上的幼鯊。幼鯊出生的時候，是尾巴先從母親的身體出來，身上的臍帶仍然和母親相連。當幼鯊游開時，臍帶就會斷裂。

鯊魚的卵
有些鯊魚會產卵，這些卵有皮質的外殼保護，上面還有捲鬚，可以附著在珊瑚、海藻或是海床上。雌鯊產卵之後就會離開，讓卵自行孵化。

錐齒鯊
第一隻在錐齒鯊媽媽體內順利發育的幼鯊，會吃掉子宮內的其他兄弟姊妹，還會接著把剩下的卵粒吃掉，好補充營養。

小小探險者

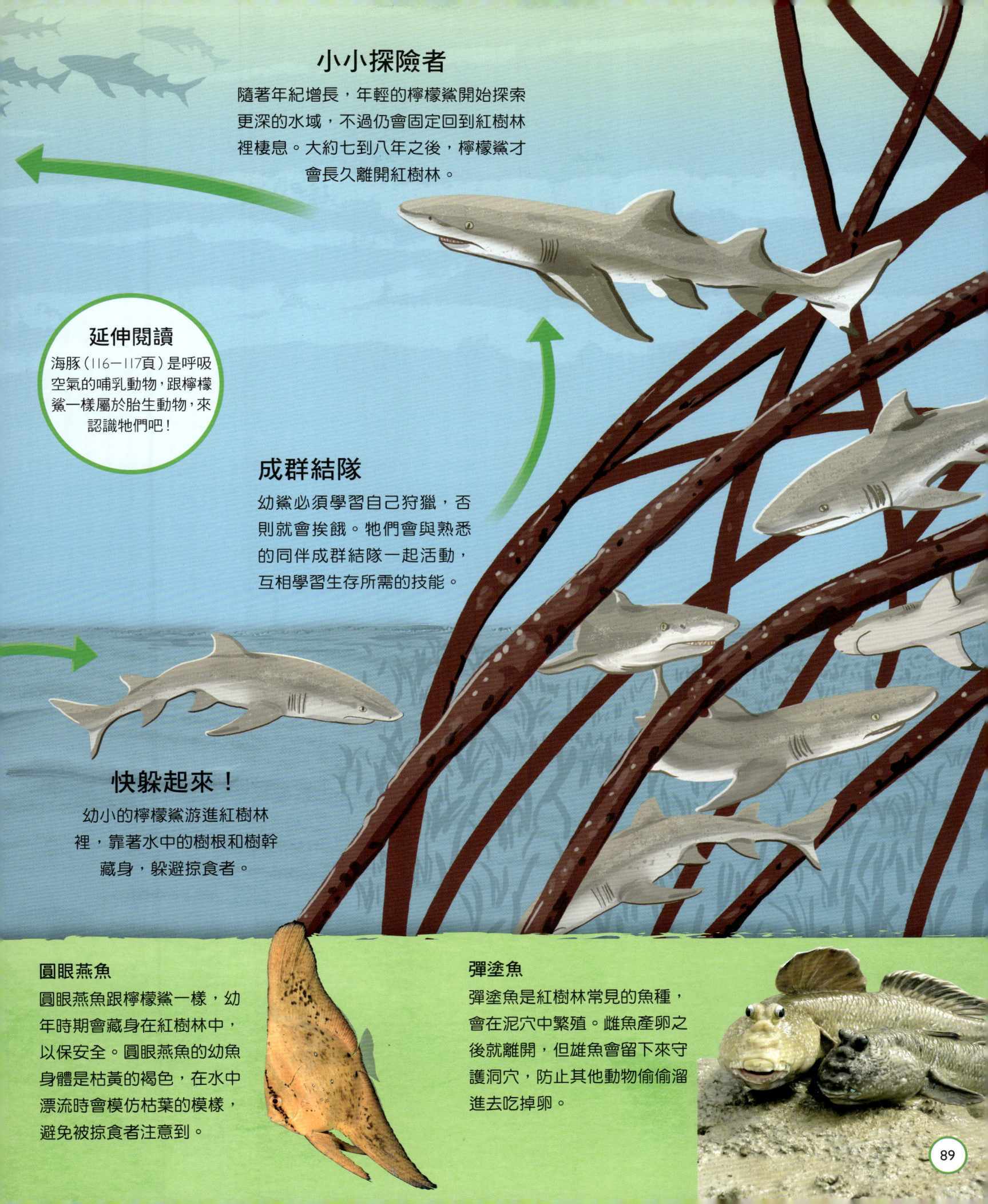

隨著年紀增長，年輕的檸檬鯊開始探索更深的水域，不過仍會固定回到紅樹林裡棲息。大約七到八年之後，檸檬鯊才會長久離開紅樹林。

延伸閱讀
海豚（116－117頁）是呼吸空氣的哺乳動物，跟檸檬鯊一樣屬於胎生動物，來認識牠們吧！

成群結隊

幼鯊必須學習自己狩獵，否則就會挨餓。牠們會與熟悉的同伴成群結隊一起活動，互相學習生存所需的技能。

快躲起來！

幼小的檸檬鯊游進紅樹林裡，靠著水中的樹根和樹幹藏身，躲避掠食者。

圓眼燕魚
圓眼燕魚跟檸檬鯊一樣，幼年時期會藏身在紅樹林中，以保安全。圓眼燕魚的幼魚身體是枯黃的褐色，在水中漂流時會模仿枯葉的模樣，避免被掠食者注意到。

彈塗魚
彈塗魚是紅樹林常見的魚種，會在泥穴中繁殖。雌魚產卵之後就離開，但雄魚會留下來守護洞穴，防止其他動物偷偷溜進去吃掉卵。

89

稚鮭

幾週過後，小鮭魚已經成為游泳好手，這時候稱為稚鮭。牠們會離開出生的溪流，游入湖尋找食物，主要以昆蟲為食，也吃一些浮游生物。

改變顏色

小鮭魚長到兩歲時稱為幼鮭，這時牠們的身體已經變成銀色，尾巴則是紅色。牠們順流而下，游到河口，在那裡逐漸適應海水，準備之後游入大海。

孵化

剛孵化的鮭魚稱為仔鮭，身體很小，只有 2.5 公分（1 英寸）長。仔鮭有一個很大的卵黃囊，是牠們的食物。

產卵

雌鮭會在淺溪溪床的砂礫層築巢，產下 50 到 200 顆卵。雄鮭在射魚卵授精之後就死亡，雌鮭不久之後也會死去。巢中的鮭魚卵會在 32 至 42 天之後孵化。

90

前往大海

幼鮭進入海洋之後，就會完全成熟，變為成鮭。牠們在海洋中度過長達四年的時間，以非常微小的浮游動物為食。紅鉤吻鮭棲息在太平洋中，水深15至33公尺（50至108英尺）的區域。

龍舌蘭

鮭魚一生只繁殖一次，這種情形在植物中也能看到，例如龍舌蘭，一生只開花一次，花謝之後就會枯萎。

延伸閱讀
還有什麼動物繁殖不久後就會死亡？來看看章魚（70–71頁）的一生。

逆流而上

為了繁殖，也就是產卵，鮭魚會沿著自己小時候生活過的河流往上洄游。牠們會奮力往上躍過湍流，還要一邊努力躲避飢餓的熊。在洄游之旅中倖存下來的鮭魚，都不免因這段旅程精疲力盡。

鮭魚

紅鉤吻鮭的一生會經歷許多變化。牠們會在不同的棲息地之間遷移：從淡水環境游到海水中，然後又回到淡水。牠們一開始是吃昆蟲，之後改吃浮游生物，還有鉤吻鮭的顏色也會改變——從透明到淺綠色、再到銀色，然後是藍色，最後是紅色。

日本鰻鱺

鮭魚為了繁殖，會從海洋遷徙到河流，這種模式稱為溯河洄游。日本鰻鱺則是從河流游向大海產卵，這種模式稱為降河洄游。

灰熊

身形巨大的灰熊很喜歡吃鮭魚。牠們會趁著鮭魚逆流而上產卵時，在急流邊捕捉縱身跳躍的鮭魚。

91

海馬

海馬是一種非常特殊的魚類。圖片中的庫達海馬沒有鱗片，但有一身的盔甲。牠的兩隻眼睛可以各自轉動，鰭很小，所以游得很慢，尾巴可以用來抓住物體和其他海馬。最特別的是，海馬繁殖時是由海馬爸爸負責保護育兒袋裡的卵，為卵提供營養，甚至連生產都是由爸爸一手包辦喔！

雌海馬將卵交給雄海馬之後看起來變瘦，雄海馬則看起來變胖了。

求偶中的海馬常會互相鉤著對方的尾巴游泳。

海馬的求偶舞可以跳上好幾個小時，甚至好幾天。

求偶

雌海馬準備好交配時，會靠近雄海馬並向對方點頭，跳起求偶舞蹈。雄海馬則會讓自己的育兒袋膨脹起來，作為回應。

「懷孕」的爸爸

雄海馬的育兒袋，在某些方面跟雌性哺乳動物的子宮很像。雄海馬提供的營養（其中有些來自海水）會滲入育兒袋，讓受精卵保持健康。

轉移卵子

求偶舞蹈的最後一步，就是雌海馬將卵託付給雄海馬。雌海馬會將一根管子插入雄海馬的育兒袋中，將卵產在裡面交給雄海馬。接著，卵就會在雄海馬的育兒袋中受精。

成長

海馬並不會照顧後代，小小的海馬苗離開育兒袋之後，只能自生自滅，其中許多會被其他動物吃掉。存活下來的小海馬，會在三到四個月內長到成年海馬的大小，牠們可以活到五歲左右。

海馬苗的身長只有7公釐（0.25英寸）。

剛孵化的小海馬會加入海洋浮游動物的行列；海洋浮游動物是指漂浮在海中的微小動物。

生產

幾週之後，卵孵化了。為了將牠們從育兒袋中排出來，雄海馬會收縮身體好幾個小時，排出多達200隻迷你海馬，稱為海馬苗。

排出海馬苗的時間大多是晚上，而且經常選在滿月之夜。

延伸閱讀
有很多動物的雄性是認真照顧孩子的好爸爸，像草莓箭毒蛙（94—95頁）就是一個例子。

膨腹海馬
膨腹海馬產於澳洲，是體型最大的海馬之一。正如其名，膨腹海馬有個看起來很大的肚子。

巴氏豆丁海馬
巴氏豆丁海馬非常擅長偽裝，身上的粉紅色讓牠們很容易跟周圍的珊瑚融為一體。

蘭德氏後頜魚
雄性後頜魚也會「生小孩」。牠們會將卵含在口中8到10天，並在孵化時將魚苗吐出來。

蛙類

大家或許想像不到，有許多蛙類是稱職的父母，會花很多時間照顧卵和蝌蚪，讓牠們保持濕潤。跟大多數的兩棲動物一樣，蛙類需要水才能完成生命週期。不過有時並不容易，即使對棲息在中美洲熱帶雨林的草莓箭毒蛙來說也不例外。

草莓箭毒蛙

鮮豔的顏色，是警告掠食者牠們的皮膚含有致命的化學物質。

草莓箭毒蛙有著鮮豔的顏色，用意是警告掠食者其他的皮膚含有致命的化學物質。

守護蛙卵

雄蛙守護著卵，用尿液讓卵保持乾淨濕潤，直到卵孵化成蝌蚪。

交配

雄蛙用叫聲吸引雌蛙，爬到雌蛙背上，然後將精子排放在葉子上。接著雌蛙產下卵子，讓卵子受精。

背負蝌蚪

當卵開始孵化時，雌蛙就會回來蹲坐在卵的上方，等待一隻蝌蚪蠕動爬上牠的背，接著慢慢爬到鳳梨科植物中央的積水裡，讓蝌蚪游進去。

94

長出四肢

幼小的蝌蚪擁有跟魚一樣的鰓，和一條用來游泳的長尾巴。他們以母親產下的未受精卵為食，幾週之後就會發育出四肢，這個過程稱為變態。

幼蛙

蝌蚪的鰓很快就會消失，發育出肺部，讓牠可以呼吸空氣，這個時期的牠稱為幼蛙，會開始吃小型昆蟲。幼蛙會一直待在水池附近，直到尾巴完全消失。

蛙類一次可以產下**幾千顆卵**。

成蛙生活

這隻草莓箭毒蛙現在已經完全長大了。牠生活在層層疊疊的樹葉間，在雨林裡很難被發現。若想找到牠們，最好的方法就是仔細尋找雄蛙守護地盤時發出的叫聲。

延伸閱讀
來看看各種昆蟲如何經歷蛻變態的過程 (78–85頁)。

墨西哥鈍口螈

俗稱「六角恐龍」，是一種大型蠑螈。牠們跟其他鰓和像魚一樣的尾巴。墨西哥鈍口螈不會經歷完全變態，一生都生活在水中。

產婆蟾

這隻雄蟾的背上背著成串的卵，纏繞在牠的腳踝上。當卵準備孵化時，牠會將卵帶到淺水區。

達爾文蛙

在蝌蚪即將孵化時，達爾文蛙爸爸會將卵銜進口中，存放在自己的鳴囊裡，一直到蝌蚪孵化、長成幼蛙時，才讓牠們跳出來。

不同時代的恐龍

恐龍是非常成功又多樣化的動物類群。在大約 2 億 5,200 萬至 6,600 萬年前的中生代時期，恐龍曾經稱霸地球，遍布各大洲。恐龍的體型各異其趣，有個子嬌小的兩足肉食猛獸，也有身形龐大到現今任何陸地動物都相形見絀的長頸巨獸，令人嘖嘖稱奇。

劍龍的骨板可能是為了展示誇耀之用。

始盜龍

三疊紀

在二疊紀到三疊紀之間，發生了一場大規模的滅絕事件，消滅了地球上超過 90% 的生物。因此在三疊紀之初，大地一片荒蕪。由於沒有什麼競爭對手，日後恐龍很快就占據了地球霸主的地位。

最早的恐龍

艾雷拉龍和始盜龍是我們所知最早期的一批恐龍。這兩種恐龍發現於阿根廷，都是用雙腿行走。差不多在同一時期，最早的哺乳動物也出現了。

三疊紀滅絕事件

三疊紀末期發生一場滅絕事件，消滅了許多物種，包括其他爬行動物，於是新出現的恐龍取代了牠們的位置。

侏羅紀巨獸

隨著陸塊分裂，氣候變得比較潮濕，茂密的雨林如雨後春筍般出現。恐龍繁衍興旺，出現許多強健巨大的物種，例如劍龍、異特龍和腕龍。

恐龍形類

從滅絕的餘燼之中，出現了一群奇怪的爬行動物：恐龍形類。恐龍形類是體型較小、體型較輕的動物，用兩條腿或四條腿都能行走。牠們會演化出最早期的恐龍。

體型變大

在此之前，大多數恐龍都很小，不過這時候開始出現體型較大的恐龍，例如板龍，身長約有 8 公尺（26 英尺）。

板龍

2.52
億年前

2.49
億年前

2.35
億年前

2.10
億年前

2.01
億年前

2
億年前

96

1.45
億年前

6,625
萬年前

6,600
萬年前

今天

火山爆發

25 萬年以來，印度的巨型火山不斷爆發，噴出大量的火山灰和熔岩。不過，光是如此還不足以導致恐龍滅絕。

現代恐龍

如今生活在地球上的所有鳥類，都是由大滅絕後倖存下來的小型恐龍演化而來。牠們的祖先，可以追溯到在一億五千萬年前，用兩條腿行走、用前肢作為翅膀飛行，還長著羽毛的肉食恐龍。因此可以說，恐龍其實仍然和我們生活在一起！

贏家與輸家

在白堊紀時期，有一些恐龍特別繁盛，例如植食性、有喙狀嘴的角龍，以及嘴巴扁平如鴨嘴的鴨嘴龍。也有些物種的數量逐漸減少，包括劍龍和長頸的蜥腳類恐龍。

看看窗外，或許會看到恐龍喔！

大規模滅絕

一顆直徑約 7 公里（4.3 英里）的小行星，在墨西哥的希克蘇魯伯附近撞上了地球。除了衝擊本身造成的破壞，撞擊後揚起的細塵更讓整個地球變得寒冷黑暗，難以生存。恐龍就此滅絕了──真的嗎？

三角龍是角龍的一種，也是最後的恐龍之一，曾經與暴龍生活在同一個時期。

97

恐龍

掘奔龍是一種非常特殊的小型恐龍，生活在 9,500 萬年前的北美洲。牠們會挖掘有 S 形彎道的地洞，可以用來躲避可怕的掠食者和風雨。

外出探險

小掘奔龍開始到地洞外探索，辨認哪些植物好吃，並鍛鍊挖掘地洞用的肌肉。牠會和父母一起生活好幾年。

破殼而出

一隻剛孵化的掘奔龍用喙嘴上的「破殼齒」破殼而出。這顆牙齒是專門用來戳破蛋殼的，很快就會脫落。掘奔龍寶寶會繼續躲在巢穴裡，靠父母提供食物。

延伸閱讀

來認識其他史前動物吧！看看不同時代的恐龍（96－97頁）。

產卵

就跟所有的恐龍一樣，掘奔龍也會產卵。牠們會將蛋放在安全的地下巢穴裡藏起來。地洞的入口很窄，不過會通往一個比較寬敞的空間，也就是巢穴的所在地。

98

挖掘地洞

到了該離開巢穴的時候，年輕的掘奔龍可能已經找到屬於自己的地盤。牠會修復廢棄的地洞，當成自己的新家，或是自己挖一個新的巢穴。

交配

雄掘奔龍已經把地洞整理好了，畢竟要是沒有漂漂亮亮的家，雌龍可不會願意孕育下一代。雌掘奔龍會挑選配偶，搬進地洞和雄龍共築愛巢，產下屬於牠們的蛋。

考古學家在地洞中發現掘奔龍的**化石**，證實這裡是牠們**生活和死亡**的地方。

海鸚

如今，有些恐龍的近親（也就是鳥類）仍然生活在巢穴和地洞中。海鸚的巢穴跟掘奔龍的巢穴形狀非常相似。

地鼠穴龜

地鼠穴龜對於其他野生動物很有幫助。牠們會挖出又大又深的地洞，許多其他種類的動物也會順便住進去，包括蛇、蜥蜴和嚙齒動物。

森林火災的避難所

發生森林火災時，位於地下的地洞通常是安全的。地洞裡的水氣比較多，溫度也比較低，即使在火災期間也一樣。

99

多彩頭冠

成年的翼龍已經長出色彩鮮豔的完整頭冠，可能有吸引配偶的展示作用。成年翼龍會長途飛行，尋找食物和水源。

築巢產卵

雌凱瓦翼龍每年都會回到同一個地方築巢和產卵。這些蛋的外殼柔軟，相當脆弱，翼龍媽媽無法坐在上面孵蛋，而是把蛋放在植被下方或是埋在沙子裡保暖。

植被在腐爛的過程中會發熱，可以讓卵保持溫暖。

化石

根據翼龍化石顯示，牠們的骨頭是中空的，骨壁很薄，所以身體非常輕，有助於翼龍飛行。

綠洲

沙漠中的綠洲，是因為水冒出地表而形成。綠洲能讓植物生長，為動物提供了飲水和食物的來源，展現旺盛的生命力。考古學家在綠洲周圍發現凱瓦翼龍的化石，由此可知牠們曾經生活在綠洲附近。

一般認為凱瓦翼龍**是植食性動物，**只會吃植物。

學習飛行

小翼龍發育得很快，不久就能飛行了。牠們會在離巢不遠的地方小小試飛，測試自己的翅膀肌肉。

延伸閱讀

來認識其他史前動物吧！看看不同時代的恐龍（96－97頁）。

嬌弱的小翼龍

剛出生的翼龍寶寶無法照顧自己，只能靠父母提供食物。翼龍可能會成群生活，形成群體，團結起來保護脆弱的翼龍寶寶。

翼龍

在恐龍時代，曾有一些會飛行的爬行動物主宰天空，牠們被稱為翼龍。凱瓦翼龍是一種產於南美洲的翼龍，生活在大約9,100萬年前，也就是白堊紀晚期。

群居生活

現代的群居性鳥類會群聚在一起築巢和繁殖。考古學家在一個地方發現許多凱瓦翼龍的化石，包括蛋、幼年翼龍和成年翼龍，顯示牠們可能也有類似的群居習性。

101

海龜

綠蠵龜棲息在溫暖的海域和沿海地區。牠們要在大海中生活許多年，才會成熟並開始繁殖。海龜需要浮到水面呼吸，產卵時會爬到陸地上。雌性綠蠵龜通常會回到自己出生的沙灘築巢。

延伸閱讀
來看看其他會游到特定地點繁殖的海洋動物，例如檸檬鯊（88－89頁）和紅鉤吻鮭（90－91頁）。

雌性綠蠵龜回到陸地上。

回到出生地
交配後大約兩週，雌龜會離開大海，上岸尋找合適的地方挖洞築巢，時間通常是在晚上。

綠蠵龜媽媽產下乒乓球大小的蛋，每個巢裡各是一窩蛋。

海龜可以感知海浪的方向，在茫茫大海中也不會迷路。

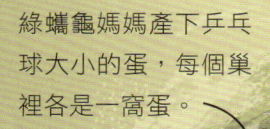

沙灘產卵
綠蠵龜媽媽會在巢中產下多達200顆蛋，然後用沙子埋起來，再回到海中。雌龜在產卵季時會上岸產卵好幾次。龜卵埋在沙子裡好幾週，靠著沙子的溫度孵化。

破殼而出
龜卵周圍的沙子溫度決定了小海龜的性別，溫度低會孵化為雄性，溫度高則會孵化為雌性。小海龜會使用一種特殊的喙狀構造敲開蛋殼，破殼而出。

溫暖海域
海龜的四肢是鰭狀肢，牠們已經完全適應海洋生活。這隻綠蠵龜正在墨西哥灣溫暖的淺海水域中曬太陽。

保護海龜
海龜已經瀕臨滅絕，每個海龜寶寶的生命都很重要。現在有很多海龜復育計畫，讓像這隻欖蠵龜一樣的小海龜有機會在人工照顧下長大，再野放回到海洋中。

在淺海交配
成年海龜會返回產卵沙灘附近的淺海帶，尋找食物及交配繁殖。雄龜會互相競爭，爭奪跟雌龜交配的機會。海龜通常有好幾個配偶。

失落的歲月
倖存下來的稚龜一旦進入大海，就好像消失了一樣，沒有人確切知道牠們去了哪裡。這段時間被稱為「失落的歲月」。海龜至少需要經過 25 年才能完全成熟，開始繁殖。

無助的小海龜
小海龜非常容易受到天敵攻擊，有很多動物會捕食龜卵和稚龜，包括陸蟹、鱷魚、狗跟鯊魚在內。

爬向大海
剛孵化的小海龜稱為稚龜，牠們會努力揮動鰭狀肢從巢中爬出來，奮力朝海洋前進。夜晚的月光反射在海面上，能幫牠們指引方向。

小海龜體型很小，身長大約只有 5 公分（2 英寸）。

紅耳泥龜
紅耳泥龜跟其他淡水龜類一樣，腳上長有趾爪，頭部和四肢能一定程度將四肢藏於殼下。海龜的四肢像船槳，沒有爪子，身體呈流線型，讓牠們更適合在海中生活。

扁尾海蛇
扁尾海蛇屬於蛇類，一生大部分時間都在海洋中度過，不過產卵時會回到陸地上的築巢地，就跟海龜一樣。

103

蛇

眼鏡王蛇是世界上最長的毒蛇，體長可以超過5公尺（16英尺），主要以其他的蛇類為食。不過，眼鏡王蛇也有充滿溫情的一面。很多蛇類在產卵之後就置之不理，但是眼鏡王蛇會築巢並留在巢中守護，直到蛇卵孵化為止。

扭打纏鬥

在繁殖季節，雄蛇會為了爭奪雌性伴侶而大打出手。牠們會高高地豎起頭部，然後交纏扭打起來，試圖將對手壓制在地上，落敗的一方只能默默溜走。

眼鏡王蛇會抬頭撐開頸部皮摺，讓自己看起來比實際上更巨大，好嚇跑掠食者。

守護巢穴

眼鏡王蛇媽媽盤繞在巢上，守護著牠的卵。如果牠覺得受到威脅，就會撐開頸部皮摺，發出低沉的嘶嘶噴氣聲，並將身體前部豎立起來。如果是特別巨大的眼鏡王蛇，昂首豎立時可能和成年人類差不多高！

幼蛇孵化

眼鏡王蛇媽媽會在蛇卵孵化之前離開巢穴，幼蛇必須自食其力，設法生存。經過四到六年之後，牠們就會長大到可以繁殖。

即使是剛孵化的幼蛇，毒液也和成年眼鏡王蛇一樣致命。

104

靠近配偶
獲勝的雄蛇找到有興趣的雌蛇後，會輕輕磨蹭對方並爬過雌蛇身上。雌蛇撐開頸部皮摺作為回應，接著就可以交配。

築巢產卵
雌蛇會以身體捲起枯葉，堆積在一起，然後在落葉堆中間產下 20 到 50 顆卵，再蓋上更多的葉子，讓卵保持溫暖。

延伸閱讀
雌海龜（102－103頁）也會把卵埋藏起來，但不會留下來護巢。

蟒蛇的母愛
大多數的蟒蛇媽媽都會緊緊盤繞住卵，小心保護後代。有些蟒蛇棲息在氣候比較涼爽的地區，還會用「顫動」的方式使肌肉收縮來產熱，好讓卵保持溫暖。

不好惹的媽媽
雌性響尾蛇繁殖時不會產卵，而是直接生下幼蛇，還會待在幼蛇身邊一週左右的時間。任何膽敢靠近的掠食者，都有可能被響尾蛇媽媽的毒牙狠咬致死。

載運寶寶
雌性尼羅河鱷會用牙齒輕輕地咬碎卵殼，幫助幼鱷破卵。為了確保剛孵化的寶寶安全，牠們還會將小鱷魚銜在嘴裡入水。

105

蜥蜴

大多數的爬蟲類是透過產卵來繁殖，不過有少數蜥蜴和某些蛇類會直接生下已經發育完全的寶寶。其中最特別的就是胎生蜥蜴（Zootoca vivipara）了，因為牠們既能卵生，也可以胎生。在氣候過於寒冷、卵生幼蜥不易存活的地方，牠們會以胎生的方式孕育後代；若是在氣候溫暖的地方，有時牠們會產卵。

繁殖體色

春天時，隨著天氣逐漸暖和，胎生蜥蜴從冬眠中甦醒過來。雄蜥蜴會蛻皮，讓身上的皮膚一塊塊脫落，變成比較鮮豔的繁殖色。

愛的咬咬

求偶時，雄蜥蜴會咬住雌蜥蜴。如果雌蜥蜴接受，雙方就可以交配；但若雌蜥蜴沒有興趣，就會猛烈反咬，讓雄蜥蜴知難而退。

懷孕期間

雌蜥蜴會調節自己的體溫，好讓胎兒順利在體內發育成長。牠會曬太陽取暖，太熱時則躲到陰影處納涼。

灣鱷

在爬蟲類的卵當中，體積最大的就是灣鱷產下的卵。灣鱷是現存最大的爬蟲類動物，孵化期間巢穴內的溫度，會決定卵孵出來的小灣鱷是雄性還是雌性。

橡皮蚺

不產卵而直接生下寶寶的情況，在蛇類身上比蜥蜴更為常見。大約有五分之一的蛇類並非透過產卵生下後代，其中包括橡皮蚺，這種蛇一次最多可以生下八隻幼蛇。

幼蜥出生
時序進入夏天，在交配後兩個月左右，蜥蜴媽媽會產下 3 到 11 隻蜥蜴寶寶。在比較溫暖的地方，雌蜥蜴可能會產卵，而不是直接生下幼蜥。

蜥蜴寶寶出生時有一層薄膜包覆，在出生當下或出生後不久，薄膜就會破裂。

自立門戶
剛出生的小蜥蜴已經能自己照顧自己了，很快就會四散開來，開始獨立生活。雄蜥蜴兩歲、雌蜥蜴三歲時就完全成熟，可以開始繁殖下一代。

冬眠
秋天時，寒冷地區的胎生蜥蜴會在地下或木堆等有遮蔽的地方冬眠。若是在氣候溫暖的地方則不會進入冬眠，一整年都有機會看到牠們的蹤影。

延伸閱讀
來認識另一種同樣是胎生的冷血動物：檸檬鯊（88－89頁）。

傑克森變色龍
變色龍是蜥蜴的一種。大多數變色龍都會產卵，但傑克森變色龍是少數的例外之一。雌性傑克森變色龍在交配後五到六個月內，可以產下多達 35 隻小變色龍。雄性的頭上有三個角，外表相當引人注目。

企鵝

企鵝是地球上最奇妙的鳥類之一，比方說牠們明明身為鳥類，卻不會飛。讓我們到冰天雪地的南極洲，看看皇帝企鵝有趣的生命週期。

前往繁殖地

當交配季節來臨，皇帝企鵝會從海邊穿越大約 90 公里（56 英里）的距離前往內陸，直到抵達位於海冰上的繁殖地。

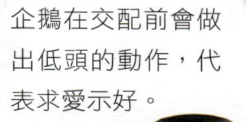

企鵝在交配前會做出低頭的動作，代表求愛示好。

交配

企鵝會在三月到四月左右求偶交配，這時候的溫度只有攝氏零下 40°（華氏零下 40°），非常寒冷。

公企鵝將蛋放在腳上，並用一塊稱為孵卵斑的皮膚把蛋蓋起來。

產卵

皇帝企鵝在五月至六月間產卵，每隻母企鵝都只會產下一顆蛋。

蛋的重量大約為 450公克 (1磅)。

孵蛋

從六月到七月，皇帝企鵝媽媽會將蛋交給企鵝爸爸照顧，自己則返回大海。企鵝爸爸負責在雛鳥破殼之前為蛋保溫，這個過程稱為孵卵。

返回大海

一月到二月左右,小企鵝準備好第一次出海了。等到牠大約三歲的時候,就可以開始交配,開啟新的一輪生命週期。

延伸閱讀

想認識更多在極端環境中生活的動物嗎?來看看北極熊(124－125頁)。

換羽

到了十二月,小企鵝開始換羽了,原本的絨毛脫落,換成光滑而防水的羽毛。這也代表小企鵝就快要可以游泳了。

企鵝爸媽輪流出海捕食,再回來餵食小企鵝。

到九月時,小企鵝已經可以獨自站在冰上,不必躲在爸爸媽媽的肚子下。

餵食

企鵝媽媽會吐出儲存在胃裡的食物來餵養小企鵝,小企鵝這個階段的食物看起來就像乳糜或是油。

小企鵝剛孵化時,身上長著一層薄薄的羽狀絨毛。

孵化

到了八月左右,企鵝媽媽從海上歸來。這時候有些蛋已經孵化了,如果還沒孵化,企鵝媽媽會跟企鵝爸爸換班孵卵。蛋孵化之後,企鵝媽媽就會將小企鵝放在孵卵斑下保暖。

擠成一團

從十月到十一月,當父母們外出尋找食物時,小企鵝就會擠在一起互相取暖。

潛水

皇帝企鵝是游泳和潛水的高手。牠們尋找食物時,可以在水中待上 20 分鐘之久。

天敵

皇帝企鵝的天敵很少,不過必須特別提防豹斑海豹突襲。

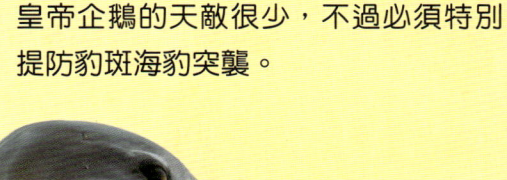

109

延伸閱讀
認識紅毛猩猩（130－131頁），牠們也要花很長的時間養育數量很少的後代，但是可以持續繁殖很多年。

漂泊信天翁在出生後的第一年，身體是棕色，臉是白色。隨著年紀增長，牠們的毛色會逐漸變白。

幼鳥離巢
雛鳥大約需要九個月的時間，才能長大到能夠飛行並獨立生活。到了這個時候，信天翁爸媽已經筋疲力盡，直到後年才會再次繁殖。

照顧雛鳥
雛鳥剛孵化時長著白色絨毛，以魚類和魷魚為食，成長十分快速。信天翁爸媽會共同分擔養育雛鳥的責任，像是在島嶼周圍的海域捕魚。

信天翁的嗅覺很強，能輕鬆追蹤海中的大餐。

有些信天翁到 70 歲時仍可繁殖。

築巢
雄鳥和雌鳥收集泥土跟草葉來築巢。牠們會輪流孵蛋，每次在巢中待兩到三週，大概需要 78 天才會孵化。

110

信天翁

有些動物繁殖得很慢,但是壽命夠長,可以繁衍後代很多年。漂泊信天翁為了生育後代,會建立終生的伴侶關係,雄鳥和雌鳥每兩年才產下一顆蛋,但是牠們可以跟伴侶相守 50 年之久。

信天翁通常是捕捉靠近海面的食物,不過有時也會潛入更深的水中。

成為父母
信天翁需要很長的時間,才能長大到成為父母。雄鳥和雌鳥都要等到 10 歲之後才會開始尋找伴侶。

終身伴侶
信天翁在一年當中大部分時間都是獨自生活,不過到了十一月,牠們會來到寒冷偏遠又遍布草地的南冰洋島嶼上,與同伴相聚並跟配偶交配。

黑背胡狼
黑背胡狼會建立一夫一妻的忠貞伴侶關係,就跟信天翁一樣,這對於牠們的繁衍很有幫助,甚至有些小胡狼還會留下來幫助父母撫養下一窩弟弟妹妹。

草原田鼠
在各種田鼠當中,雄性大多都會跟很多雌性交配,但草原田鼠是個例外,雄鼠只有一個伴侶,還會一起照顧後代。

黑冠長臂猿
黑冠長臂猿的雄性(圖左)和雌性(圖右)平時會互相理毛,加深彼此之間的交流和情感,這對於成功撫育幼猿非常重要。

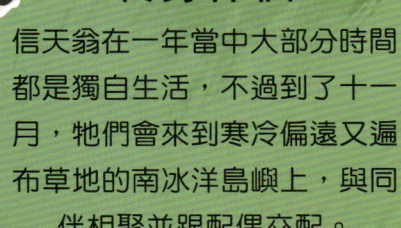

111

繁殖

到達歐洲之後，家燕就會組成一對對繁殖配偶。雄燕會透過飛行、鳴唱和展示尾巴，來向雌燕示愛。如果雌燕被打動，就會跟雄燕交配。有些家燕在確立配偶關係之後，一生都不會另結伴侶。

北返

春天來臨時，家燕離開非洲，穿越幾千公里的距離回到位於歐洲的繁殖地。牠們會一邊飛一邊捕食昆蟲，並在低空掠過湖泊和河流上方時張口舀水。

築巢

結為配偶的兩隻家燕在建築物的屋頂下，用泥巴搭建出杯形的巢，接著雌燕在巢中產下三到七顆蛋。有時候雄燕也會幫忙雌燕孵蛋。

延伸閱讀
認識同樣利用建築物繁殖的大棕蝠（128－129頁）。

親鳥會捕捉昆蟲來餵食雛鳥，並讓巢內保持乾淨。

育雛

大約兩週之後，蛋就會孵化。初生的雛鳥無法照顧自己，需要親鳥不斷餵食。雛鳥大約三週大的時候就會長出羽毛，準備好飛行。

斑尾塍鷸

斑尾塍鷸擁有鳥類中距離最長的無間斷飛行紀錄。曾有一隻斑尾塍鷸從紐西蘭遷徙到中國黃海，連續飛行了 11,000 多公里（6,800 英里）。

斑頭雁

有研究人員追蹤斑頭雁，發現這種產於亞洲的鳥兒在飛越喜馬拉雅山脈時，飛行高度將近 7,300 公尺（24,000 英尺），比其他候鳥都來得高。

燕子

經常在田野上空滑翔、捕食飛蟲的家燕，是一種會在建築物中築巢繁殖的燕子。以生活在北半球的家燕來說，將幼鳥養育長大之後，大多數會飛到氣候溫暖的南方過冬。例如，來自北歐的家燕會遷徙到非洲南部。

遷徙過程相當艱辛，許多鳥兒死於疲憊、飢餓或猛烈的風暴。

在非洲過冬

到達非洲南部時，家燕的旅程就暫時告一段落了。牠們會在濕地附近過冬，那裡的空中充滿了飛來飛去的昆蟲，可以讓牠們大飽口福。

南飛

家燕一年可孵育兩窩雛鳥。到了秋天，當所有幼鳥都已學會飛翔，成鳥也換了羽毛之後，家燕就會成群結隊向南飛去。

北極燕鷗

北極燕鷗創下距離最長的鳥類遷徙紀錄，從北極到南極、再返回北極，總距離長達 7 萬公里（44,000 英里）。牠們會在途中休息，所以並沒有打破斑尾塍鷸無間斷飛行的紀錄。

椋鳥

椋鳥遷徙時通常會聚集在一起群飛，有如在空中盤旋的巨大黑雲。猛禽很難在這團變幻莫測的黑雲當中鎖定任何一隻椋鳥。

簡樸的巢

園丁鳥的鳥巢形狀像碗一樣，通常蓋在離地面 1.8 至 3 公尺（6 至 10 英尺）的地方。

交配之後，雌鳥就會離開，到搭建在樹上的簡單鳥巢中產卵。園丁鳥媽媽每次只會產下一顆蛋，並獨自養育雛鳥。

準備就緒

雄鳥對自己的布置滿意之後，會呼喚雌鳥來欣賞牠的作品。如果雌鳥喜歡牠展示的物品，就會跟牠交配。

如果雄鳥離開求偶亭，即使只有一下子，跟牠競爭的其他雄鳥也可能會把牠最有吸引力的寶貝偷走。

裝飾求偶亭

雄鳥在草坪上擺出牠從森林中收集的物品，像是花朵、葉子、漿果、水果、甲蟲堅硬的前翅，還有羽毛等等。

雄鳥會根據物品的顏色、大小和形狀分類，成堆擺放。

你願意來支舞嗎？

鸊鷉擇偶時，會在湖泊和河流上共舞。冠鸊鷉會叼著水草互相展示給對方看，同時快速擺動雙腳，雙雙快速滑過水面，跳上一支曼妙的雙人舞。

紅色大愛心

雄性軍艦鳥會選定一個地點築巢，然後將喉嚨下方的鮮紅色喉囊充氣鼓起，好吸引雌鳥。同時，牠還會展開翅膀用力拍打，並發出響亮的聲音。總而言之，很難不注意到牠！

建造求偶亭

雄性褐色園丁鳥會找一株樹苗（小樹），在周圍用樹枝和植物莖部編織出一個求偶亭。完成後的求偶亭，看起來就像一個有拱形入口的小茅屋。

園丁鳥

對於雄性園丁鳥來說，尋找伴侶得要花上不少工夫。牠們會用樹枝製成涼亭狀的求偶亭，並收集色彩鮮豔的東西，將這些「寶貝」擺在求偶亭周圍展示。每種園丁鳥建造出來的求偶亭類型都不一樣，其中褐色園丁鳥所蓋的求偶亭最為壯觀。

園丁鳥只棲息在澳洲和新幾內亞。

鋪設草坪

雄鳥將求偶亭入口前的地面清理乾淨，然後蓋上一層苔蘚，直到看起來像一片草坪。

延伸閱讀

認識皇帝企鵝（108－109頁）和漂泊信天翁（110－111頁），看看牠們如何建立長期的伴侶關係來照顧後代。

飛行特技

為了吸引雌性，雄性遊隼會在空中表演壯觀的特技，好向雌鳥證明自己是飛行高手，能為對方還有孵化的雛鳥捕捉充足的食物。

鮮豔奪目

威爾森氏麗色天堂鳥的雄鳥擁有鮮豔色彩和捲曲尾羽，可以吸引伴侶。牠會向雌鳥發出呼喚，並將亮綠色胸羽像扇子一樣展開，好讓追求對象留下深刻的印象。

小海豚出生時，會被母親或群隊中的其他雌海豚推到水面，讓牠呼吸空氣。

海豚跟所有哺乳動物一樣有乳頭，會用乳汁餵養寶寶。海豚媽媽會一邊游動一邊哺乳，小海豚每次喝四到五秒鐘。

學習游泳

雌海豚在懷孕 12 個月之後分娩，海豚媽媽會教導剛出生的小海豚要待在自己身邊。海豚媽媽游泳時，牠的身體會產生波浪，推動小海豚一起在水中游動。

海豚

雖然海豚生活在水中，外觀也很像魚類，但牠們其實是哺乳動物，需要呼吸空氣，而且是以胎生的方式產下寶寶。生性友善的寬吻海豚屬於群居動物，一個大群體的數量最多可達 100 隻海豚。海豚聰明且善於交際，做任何事都在一起，還會組成小型的育幼群一起養育後代。

浪漫共游

雄海豚可以等待雌性游入自己的區域，或是主動尋找配偶。看對眼的海豚會肩並肩一起游泳，互相摩擦腹部來交配。

海豚主要以小魚和魷魚為食。牠們利用回音來尋找獵物，這種方法稱為回聲定位。

海豚的游泳速度可達每小時30公里（19英里）。

116

延伸閱讀
認識同樣在育幼群體保護下長大的檸檬鯊（88－89頁）。

海豚躍出水面是為了更清楚觀察獵物。

雌海豚會保護育幼群裡的小海豚，避免牠們遭到鯊魚等掠食者捕食。

育幼群
每群海豚當中都會有小型的育幼群，由海豚媽媽和小海豚組成，雌海豚甚至會幫忙照顧其他同伴的孩子，這稱為異親育幼。

小海豚的哺育時間長達兩年，牠們會待在母親身邊三到六年。

完全長成
海豚會利用聲音互相溝通。每隻海豚都有自己獨一無二的口哨聲，可以用來辨識、尋找及幫助彼此。

抹香鯨
成年抹香鯨會潛入海洋深處覓食。當育幼群中的幾隻母鯨潛入深海時，其他母鯨會留下來保護群隊中的幼鯨。

馬和幼駒
就像小海豚剛出生就會游泳一樣，幼駒（小馬）出生後不久就能站立和行走。牠們都屬於早熟物種。

防禦陣型
麝牛遇到狼等掠食者時，會圍成緊密的圓圈來保護小牛。成年麝牛站在外圈，頭部和尖角朝向外側，麝牛媽媽站在內圈，讓小牛躲在身體下方。

117

袋鼠

紅袋鼠是體型最大的有袋類動物（也就是將寶寶放在育兒袋中的哺乳動物），身高可達 1.8 公尺（6 英尺）。袋鼠擁有強壯的腿和有力的尾巴，能用跳躍的方式穿越澳洲的灌木叢和沙漠。

雌袋鼠通常比雄袋鼠的體型小，顏色也比較灰。

強壯的贏家

雄袋鼠可能要擊敗多達十隻競爭對手才能勝出，贏得牠所選擇的伴侶。牠會嗅聞雌袋鼠的尿液，來確認雌袋鼠是否已經準備好交配。

延伸閱讀
來看看海馬（92-93頁）的繁殖方式！海馬也有一個育兒袋，不過是由爸爸來照顧卵，等著小海馬孵育出來。

育兒袋裡的寶寶

交配後，雌袋鼠的懷孕時間只有短短一個月。剛出生的小袋鼠身長只有 2.5 公分（1 英寸），差不多是一顆蠶豆的大小。出生後不久，小袋鼠就會爬進媽媽的育嬰袋裡。

在小袋鼠吸奶和成長的過程中，育兒袋可以發揮保護作用。

哺乳

袋鼠媽媽的育兒袋裡布滿乳腺，可以分泌乳汁來餵養寶寶。小袋鼠會找到乳頭並緊緊含住，牠可以持續含著乳頭長達 70 天。

118

團體生活

袋鼠是社會性動物，生活在群體中。雄袋鼠會以「拳擊」互打的方式爭奪雌性伴侶。牠們會先理毛，然後踢擊、互毆及扭打，看看誰比較強大。

袋鼠的速度最高可達每小時71公里（44英里）。

小袋鼠出來了！

等到小袋鼠夠強壯時，就會開始從育兒袋裡探出頭來，觀察外面的世界。就算已經長大到無法住在育兒袋裡，小袋鼠想喝奶時還是會來找育兒袋裡的乳頭，如此持續好幾個月。

袋熊

有別於袋鼠，袋熊的育兒袋開口是朝向後方。這樣一來，當袋熊媽媽挖洞時，土就不會掉進育兒袋裡。

負鼠

雌性北美負鼠一胎可產下多達 21 隻小負鼠，但是牠只有 13 個乳頭，所以並非所有寶寶都能順利活下來。不過，牠可以同時哺育很多小負鼠！

無尾熊

小無尾熊會在育兒袋中成長七個月，接著趴在媽媽背上再度過好幾個月。

119

息息相關的世界

沒有生物能夠獨自存活：所有的植物和動物，都需要依賴其他生物才能生存下去。無論什麼動物，都需要食物——不管是樹葉、肉，還是糞便。無論什麼植物，都需要來自其他生物的營養讓根部周圍的土壤充滿養分，才能夠正常生長。透過食物鏈，各種植物和動物連結在一起，將寶貴的能量從一種生物傳遞給另一種生物。

食物網

生物之間的關聯相當複雜，很多動物不是只吃一種食物。各種植物和動物之間互相交錯的關係，就稱為食物網。

植物之所以呈現綠色，是因為含有葉綠素，能用來吸收太陽的能量。

許多昆蟲是以草葉和其他植物為食，例如蝗蟲。牠們擁有可以切碎植物的口器。

食物鏈

植物從陽光吸收能量並轉化成食物，才能生長。植食性動物（又稱草食性動物）會吃植物，肉食性動物則會吃植食性動物。這一連串的關係，稱為食物鏈。

植物可以製造食物，所以被稱為生產者，位於食物鏈的起點。

植食性動物是食物鏈的第一個環節，稱為初級消費者。

肉食性動物是食物鏈的第二個環節，所以稱為次級消費者。

120

瞪羚會吃草和其他植物，牠們擁有適合吃草的研磨型牙齒，以及能夠消化粗糙葉片的胃。

獅子會撲向瞪羚和其他動物，用強而有力的雙顎攻擊牠們。獅子能用鋒利的牙齒刺穿及切開肉。

狐獴會捕食蝗蟲、蠍子和其他小型動物。

蠍子吃蝗蟲和其他昆蟲，會用鉗足抓住獵物。

鷹可以從天空俯衝而下，用鋒利的爪子抓住狐獴。

清理

在大自然中，沒有任何東西會浪費。禿鷹和鬣狗等食腐動物會以死去的動物為食，蠕蟲和糞金龜等分解者則可以分解動植物的遺骸。這樣一來，就能讓養分回到土壤，幫助植物生長。

禿鷹以動物屍體為食。

細菌和蠕蟲會分解物質，例如食腐動物吃剩的動物遺骸。

斑馬

這些斑馬住在東非的塞倫蓋蒂地區，在開闊的草原上過著以家庭為單位的群體生活。每個家庭通常有一匹種馬（公馬）和幾匹育有幼駒的母馬。斑馬的群體就是由好幾個這樣的家庭組成，聚集成數百匹、甚至數千匹的斑馬群。斑馬群每年都會遷徙，跟隨降雨區域移動，尋找新鮮的草地。

種馬之爭

塞倫蓋蒂南部的斑馬會在一年之初的雨季期間交配和繁殖，因為這個時期有充足的青草可供食用。種馬會互相爭鬥，爭奪與母馬交配的資格。

兩隻種馬繞圈對峙、互相撕咬，並用尖銳的馬蹄踢向對方。

親密磨蹭

種馬和母馬在交配前會互相用鼻子磨蹭對方。在斑馬家庭中最重要、地位最高的母馬繁殖次數最頻繁，牠生的幼駒地位也比其他幼駒來得高。

獨自分娩

母斑馬懷孕的時間要一年多，這代表塞倫蓋蒂地區的母斑馬在懷孕期間必須長途跋涉。快要分娩的時候，母馬會離開斑馬群，好避開獵豹、獅子和鬣狗等掠食者。

每隻斑馬的條紋圖案都是獨一無二的，就像條碼一樣。

大遷徙

每年，斑馬會成群結隊加入牛羚的行列，沿順時針方向繞行塞倫蓋蒂地區，跟隨降雨地區變化而移動。冬天時，斑馬群回到南方，準備再次生下小寶寶。

斑馬幼駒

大多數的幼駒會在一月和二月誕生。幼駒出生之後很快就能站立，牠們吃母乳的時間長達一年。小斑馬很容易受到攻擊，大約有一半的幼駒死於掠食者的襲擊。

獵豹躲藏在高高的草叢中，伺機獵捕斑馬的幼駒。

牛椋鳥喜歡停在斑馬背上搭便車。

牛椋鳥

牛椋鳥以斑馬毛皮上的寄生蟲為食，包括會吸血的蜱蟲、跳蚤和會叮咬斑馬的蠅類。當有掠食者靠近時，牛椋鳥會出聲警告斑馬。

牛羚

斑馬群和牛羚群常常混在一起，而且這兩種動物都是塞倫蓋蒂動物大遷徙的一份子，不過牛羚的懷孕期比斑馬來得短。

長頸鹿

塞倫蓋蒂地區也有長頸鹿。然而，長頸鹿無法游泳或過河，所以不會加入大遷徙的行列。乾季時，牠們會從金合歡樹的高枝上啃食樹葉果腹。

延伸閱讀

還有哪些動物會隨著季節遷徙並繁殖呢？來看看鯊魚（88－89頁）、海龜（102－103頁）和皇帝企鵝（108－109頁）吧！

冠海豹
雌性冠海豹的哺乳期只有大約四天。牠們的乳汁是所有哺乳動物當中脂肪含量最高的，可以讓小海豹迅速成長，並儲存脂肪（海獸脂）來保持溫暖。

黑犀牛
在所有哺乳動物當中，黑犀牛是乳汁脂肪含量最低的動物之一。小犀牛成長得很慢，哺乳期長達兩年。

鴿子
有少數鳥類可以分泌類似奶水的液體來餵養雛鳥，鴿子是其中之一。這種液體來自鴿子的喉嚨，是由一個肌肉構成的囊袋所製造的。

求偶示愛
初夏時節，已經成熟的北極熊（大約五到七歲）就會開始交配，公熊可以從母熊的腳印追蹤對方留下的氣味痕跡。公熊和母熊只會在一起短短幾天。

準備分娩
北極熊交配之後，要一直到秋天，母熊子宮中的受精卵才會開始發育。這是為了確保幼熊從巢穴中出來活動時，正好是食物比較充足的春天。為了準備分娩，母熊會在雪地中挖一個洞，窩在裡面待產。

母熊會在雪堆中挖出一個巢穴，或稱雪洞。巢穴大小只比母熊的身體稍微大一點。

冬季出生
大多數的母北極熊會在十二月時產下兩隻寶寶，並用富含脂肪的乳汁餵養牠們。剛出生的幼熊非常小，重量大約 500 公克（1 磅）。此時牠們還看不見東西，全身覆蓋著短短的毛。

北極熊媽媽靠著儲存的脂肪維生，時間最長可達八個月。

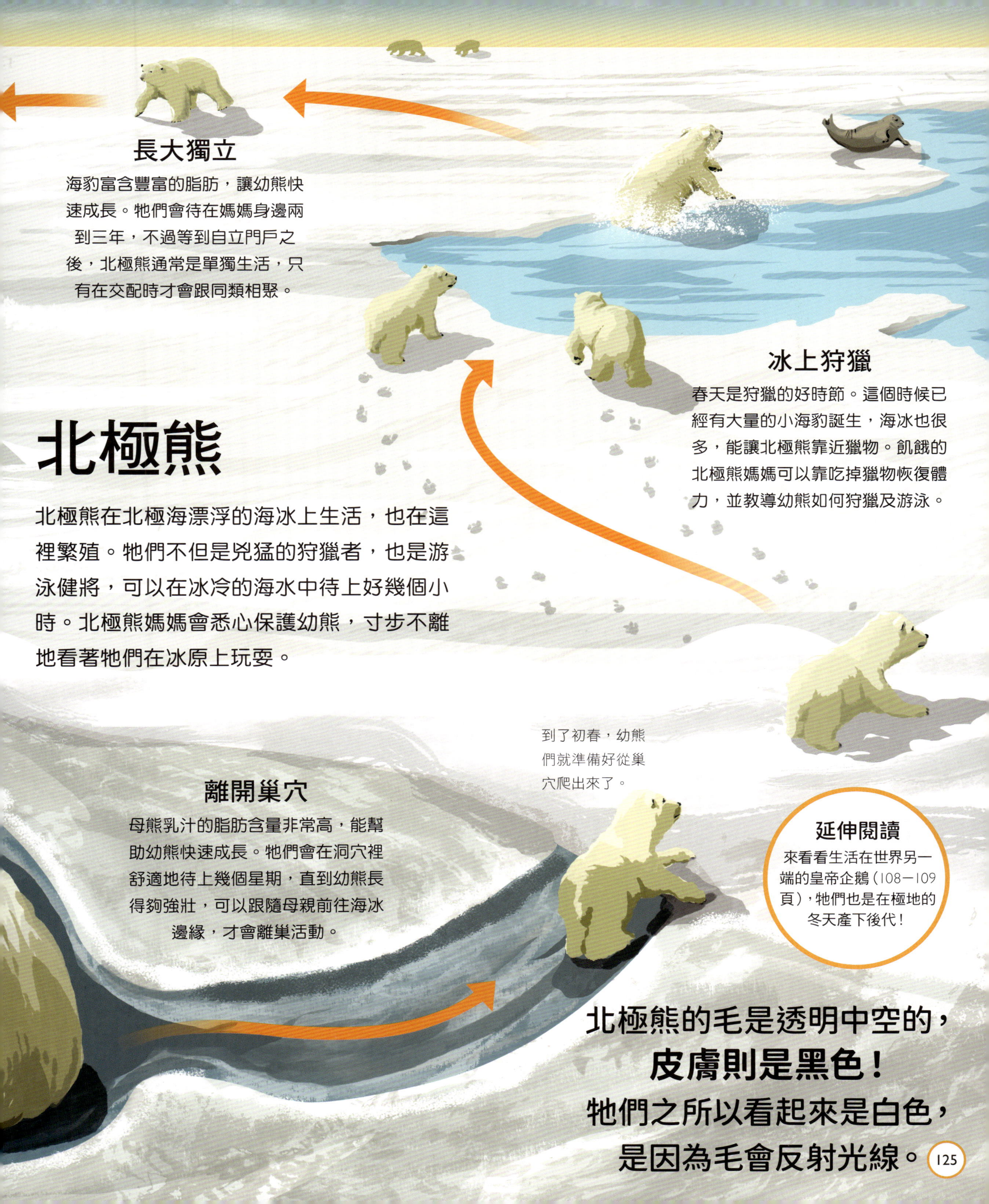

長大獨立

海豹富含豐富的脂肪，讓幼熊快速成長。牠們會待在媽媽身邊兩到三年，不過等到自立門戶之後，北極熊通常是單獨生活，只有在交配時才會跟同類相聚。

北極熊

北極熊在北極海漂浮的海冰上生活，也在這裡繁殖。牠們不但是兇猛的狩獵者，也是游泳健將，可以在冰冷的海水中待上好幾個小時。北極熊媽媽會悉心保護幼熊，寸步不離地看著牠們在冰原上玩耍。

冰上狩獵

春天是狩獵的好時節。這個時候已經有大量的小海豹誕生，海冰也很多，能讓北極熊靠近獵物。飢餓的北極熊媽媽可以靠吃掉獵物恢復體力，並教導幼熊如何狩獵及游泳。

到了初春，幼熊們就準備好從巢穴爬出來了。

離開巢穴

母熊乳汁的脂肪含量非常高，能幫助幼熊快速成長。牠們會在洞穴裡舒適地待上幾個星期，直到幼熊長得夠強壯，可以跟隨母親前往海冰邊緣，才會離巢活動。

延伸閱讀

來看看生活在世界另一端的皇帝企鵝（108－109頁），牠們也是在極地的冬天產下後代！

北極熊的毛是透明中空的，皮膚則是黑色！ 牠們之所以看起來是白色，是因為毛會反射光線。

125

裸鼴鼠

裸鼴鼠的生命週期與其他哺乳動物非常不同。裸鼴鼠是穴居的囓齒動物，牠們在地底下大量群居，形成鼠群，而且群體結構就像蜂巢裡的蜜蜂一樣，由一隻地位最高的雌鼠（女王）負責生育所有的幼鼠。

植物的根部和塊莖，提供了裸鼴鼠群需要的所有食物和水。

曾有人工養殖的雌性裸鼴鼠，在短短11年內產下900多隻幼鼠。

強大的女王

女王是裸鼴鼠群當中體型最大、攻擊性最強的成員。光是牠的存在，就足以讓鼠群中的其他成員無法繁殖。牠可以連續生育16年，以這麼小的囓齒動物來說，是相當長的時間。

工鼠們跑進女王的房間，與幼鼠擠在一起，好幫牠們保暖。

超級多產

裸鼴鼠女王每次產下的胎仔數之多，幾乎是其他哺乳動物都比不上的。每隔12到19週，牠就會生下多達28隻幼鼠。

一隻剛離開巢穴的裸鼴鼠寶寶。

鼴鼠

裸鼴鼠是吃植物的囓齒動物，而鼴鼠則是吃蟲的穴居動物。鼴鼠的地盤意識很強，而且生性獨來獨往，雄鼴鼠和雌鼴鼠只會為了交配暫時相聚在一起。

狐獴家族

狐獴是生活在地下的群居動物，由族群中地位最高的一對狐獴負責生育後代，其他成員則會幫忙照顧小狐獴。

延伸閱讀
認識同樣由地位最高的雌性統治的螞蟻（78—79頁），以及同樣生活在大型群體中的小型哺乳動物：蝙蝠（128—129頁）。

站在土壤正前方的工鼠用牙齒挖出地道，後面的其他同伴則用後腳把鬆散的土壤踢走。

成熟雄鼠
有別於雌性的工鼠，雄鼠仍有生育能力，所以能夠繁衍後代。當其他裸鼴鼠群的雄鼠漫步到洞穴中時，女王會選擇看中的雄鼠交配。

在地道內的推擠比賽中獲勝的裸鼴鼠，可以取得最高的地位。

工鼠和兵鼠
幼鼠長大之後，就成為鼠群裡的工鼠，負責挖掘隧道及採集食物。年齡漸長時，牠們會成為兵鼠，保衛洞穴不受入侵者侵擾。

當地道封閉，新任女王接管另一邊的地盤時，新的鼠群就形成了。

白蟻
白蟻是群居性昆蟲，蟻群中的蟻后負責繁殖，並有工蟻照顧巢穴。有些種類的白蟻居住在土丘中，擁有複雜的隧道系統。

完全長成的大棕蝠翼展約為 33 公分（13 英寸），體長可達 12 公分（5 英寸）。雌蝙蝠體型比雄蝙蝠稍微大一點。

棲身之家

到了早上，蝙蝠就會回到牠們的棲所，通常是在樹洞、洞穴或建築物內。隨著夏秋交替，天氣逐漸變冷，蝙蝠的飛行時間減少，待在棲所的時間越來越長。

延伸閱讀
認識同樣會透過休眠來過冬的北極熊（124－125頁）。

夏季狩獵

蝙蝠最常在溫暖乾燥的夏夜飛行，因為這個時期空中有大量的昆蟲。有些蝙蝠會在接近傍晚時出發，但大多數蝙蝠是在日落後兩到三個小時開始活躍，牠們會狩獵一整個晚上。

首度飛行

幼蝠在三到四週大時，會開始嘗試短距離飛行。為了在黑暗中捕捉飛蟲，牠們會學習一種稱為回聲定位的技術，能幫助蝙蝠利用聲音找到方向。

吸血蝙蝠

吸血蝙蝠會將從獵物身上舔食到的血液反芻出來（從胃內倒流回口腔），餵給幼蝠。牠們甚至會這樣餵養其他家庭的蝙蝠。

回聲定位

食蟲性蝙蝠利用回聲定位來尋找食物，並避免在夜裡撞到東西。牠們會發出叫聲，然後聆聽回音。如果那個區域有昆蟲或樹木，蝙蝠就可以透過回音掌握位置。

128

交配和冬眠

成年蝙蝠會在九月時交配。到了冬天，昆蟲數量減少，蝙蝠就會進入冬眠狀態。牠們在冬眠時體溫會下降，也很少飛行，雖然體重減輕，但能夠依靠體內的脂肪生存。

蝙蝠

蝙蝠是唯一能像鳥一樣飛行的哺乳動物。不過，牠們的翅膀沒有羽毛，而是由皮質翼膜構成。有些蝙蝠會吃水果，但大多數蝙蝠是以昆蟲為食，包括在北美各地常見的大棕蝠。

孕育後代

雖然蝙蝠是在秋天交配，但雌蝙蝠要一直到冬眠過後的春天才真正懷孕。懷孕的雌蝙蝠會聚集在育幼棲所，孕期大約是60天。

蝙蝠對農夫很有幫助，牠們會吃掉有害農作物和家畜的昆蟲。

幫忙育幼

雌蝙蝠會在四月底到七月初之間，產下一隻或兩隻幼蝠。每隻幼蝠都小到可以捲在你的手指上，在剛出生的幾週內，牠們完全無法照顧自己。雌蝙蝠負責所有的育幼工作，甚至會幫忙照顧其他家庭的幼蝠。

聰明的蛾

有一種蛾可以干擾蝙蝠的回聲定位，牠們能擾亂蝙蝠的聲納系統，避免被蝙蝠吃掉！

為了省力，蝙蝠媽媽棲息時會用腳抓著物體倒掛，幼蝠則緊緊貼在媽媽身上。

129

紅毛猩猩

紅毛猩猩是體型最大的樹型類人猿。棲息在印尼的牠們擁有長長的手臂和大大的手，能在熱帶森林裡穿梭自如。相較於大多數的哺乳動物，牠們的生命週期很慢。母紅毛猩猩每隔六到八年生育一次，一輩子只生四到五個孩子。

在樹上結出大量果實的時期，紅毛猩猩繁殖的機率會比較高。

短暫的伴侶

紅毛猩猩只是為了交配而短暫結為伴侶。體型大、地位高的公紅毛猩猩，會用長長的叫聲吸引母紅毛猩猩的注意，這種叫聲在1公里（0.5英里）外都能聽到。

成熟的公紅毛猩猩臉部有寬大的肉頰，對於雌性來說特別有吸引力。

媽媽和寶寶

母紅毛猩猩的懷孕期大約是八個月。寶寶出生之後，紅毛猩猩媽媽會彎曲樹枝做出睡覺的平臺，並用樹葉和樹枝築巢。紅毛猩猩寶寶吃奶的時間大約是兩年，不過會待在母親身邊長達九年。

每天晚上，紅毛猩猩媽媽都會爬到樹上的巢建，孩子則緊緊地抓在牠身上。

延伸閱讀

認識同樣會長期照顧後代的票治信天翁（110–111頁）。

130

家庭生活

紅毛猩猩媽媽會把小寶寶帶在身邊。年幼的紅毛猩猩會做鬼臉和手勢來溝通。猩猩媽媽會教孩子如何尋找水果及築巢。

紅毛猩猩以水果和嫩葉為主食。此外也吃樹皮和昆蟲，包括螞蟻跟蜜蜂。

榴槤是紅毛猩猩最喜歡的水果。

邁入成年

年輕的成年紅毛猩猩已學會爬樹，還能熟練地使用樹枝當工具。紅毛猩猩不像其他人類人猿那麼喜歡交際互動，一般來說，他們比較喜歡獨來獨往。

加利福尼亞兀鷲

加利福尼亞兀鷲為了有更多時間照顧已經出生的幼鳥，會延遲產卵，最長可以延後兩年。兀鷲爸媽都會孵蛋、餵養幼鳥，並教導幼鳥如何飛行。幼鳥出生後第一年大部分時間都待在巢中，到了第二年，就會跟著父母學習覓食。

大象

和紅毛猩猩一樣，母象會照顧小象很久。小象剛開始會達八年，時間可以長緊黏在母親身邊，學習如何跟上象群的腳步；等到長大一點，年輕的象就會學習如何使用鼻子和尋找食物。

131

不同時代的人類

正在讀這篇文章的你，想必是個人類。人類是唯一發展出書面語言的物種，此外還有許多只有人類會做的事情，例如演講和制定計畫，這讓我們顯得跟其他動物截然不同。而這一切，都要歸功於幾百萬年以來的逐步改變，又稱為演化。

石製的手斧，可用於砍伐和切割。

黑猩猩名列在我們人類的演化族譜上。

使用石器
早期的人類開始用手製作簡單的石器，用來切割肉類或切斷植物。我們所謂的「石器時代」就是從這時候開始。

哺乳動物的演化
最早的哺乳動物，是從爬蟲類祖先演變而來的小型生物。後來有一顆巨大的隕石撞擊地球，結束了恐龍稱霸的時代，為哺乳動物的演化留下了空間。

物種分化
人類和黑猩猩的祖先逐漸開始分化成不同的物種。黑猩猩的祖先生活在樹上，行走時手腳並用，而與我們血緣最接近的祖先則開始生活在地面上。

在這個時期，人類的祖先開始直立步行，只用兩條腿走路。

最早的家族成員
在這個時期，出現了一種外表跟現在的紅毛猩猩和黑猩猩很相似的動物。專家認為，牠們是包括人類在內的家族圖譜中最先出現的成員之一。

6,500 萬年前

我們的整個家族被稱為人科，又稱猩猩科。

1,200 萬年前

我們的祖先待在地面上的時間變得更長。

1,000 萬年前

350 萬年前

132

250 萬年前

170 萬年前

10 萬年前

1.2 萬年前

懂得用火，讓人類能夠煮食、取暖及保護自己。

智力增加

學會運用石器，讓早期人類能吃到更多種類的食物。他們製造工具的技術越是熟練，越有利於生存。製造工具需要動腦思考，所以我們最聰明的古代親戚就成了當時生存能力最好的動物。

人類遷徙

與現代人相近的人類，最早是在非洲演化出現的。其中有一些人離開非洲，逐漸擴散到新的大陸。有些地區氣候寒冷，還有一些奇怪的動物，例如猛獁象。

最後，除了南極洲以外，世界各地都有人類居住。

早期的定居者開始種植農作物，並馴養動物來取得牛奶和羊毛。

狩獵和語言

早期人類變得越來越聰明，開始製造出能獵捕大型動物的工具。狩獵大型動物相當危險，人類必須團結合作，一起制定計畫跟執行狩獵行動。這需要靈敏思考和溝通想法，促使我們發展出語言。

早期人類會用長矛獵殺猛獁象。

定居生活

為了獵捕動物，人類必須到處移居。後來，有些人開始固定在某個地方耕作。他們蓋出房屋和農場，最終形成城鎮和都市，同時也產生貿易，逐漸發展出我們的現代世界。

嬰兒
嬰兒在出生後第一年內成長得很快,不過完全要靠父母照顧、餵食及保護。隨著肌肉越來越強壯,嬰兒會開始爬行,最後學會走路。有些嬰兒也會在這個階段第一次開口說話。

兒童
小孩持續成長,並學習跑步、說話和閱讀等技能,也會學著跟同伴一起玩耍。每個孩子的發展步調都不一樣。

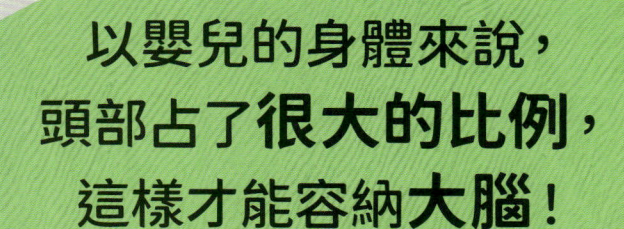

以嬰兒的身體來說,頭部占了很大的比例,這樣才能容納大腦!

分娩
母親的子宮收縮,將嬰兒推向體外。人類的寶寶就跟所有哺乳動物一樣,是喝奶長大的。母親通常每胎生一個嬰兒,有時會生兩個(也就是雙胞胎),不過也有一胎生出更多寶寶的例子!

青少年
孩童變成青少年,開始發育出成人的體態,也變得沒有那麼依賴父母。進入青春期這個階段之後,就能夠進行有性生殖。

受精
一男一女可以共同孕育出新的生命。女性的卵子與男性的精子結合,這個過程稱為受精,也是所有人類生命的起點。

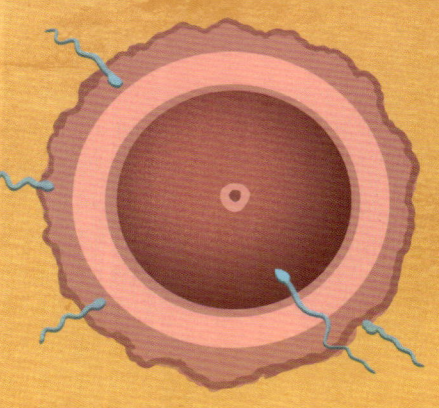

胚胎
受精卵在女性的子宮內一次又一次分裂,形成胚胎。胚胎是由數百萬個細胞構成的微小人體。胚胎長到八週大時,已經發育出臉部、四肢和內臟器官。

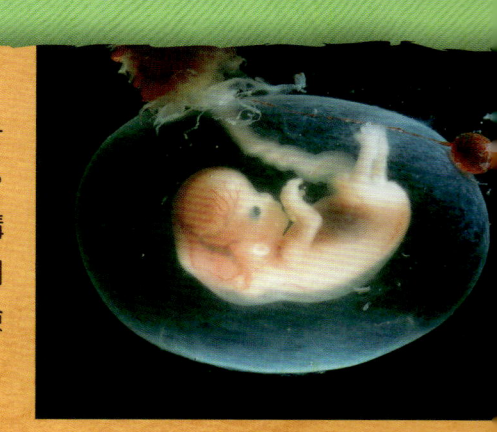

青年

人類到了 20 歲左右，身體已經發育完全。年輕人往往會獨立生活，與其他人建立親密的性關係，並可能開始生小孩。

中年

人類在 40 歲到 60 歲之間，思考和推理能力達到顛峰，不過也開始出現老化的跡象。有些成年人在這個階段仍在生小孩及養育兒女。到了中年後期，女性可能就無法再生育了。

老年

老年是人類生命週期的最後階段，會出現明顯的衰老跡象，包括頭髮灰白、皮膚長滿皺紋、視力和聽力變差，以及關節僵硬等等。這種「衰退」的情況，可以透過規律運動和健康的飲食來減緩。

人類

我們智人是一種聰明的哺乳動物，壽命最長可以超過 100 年。智人父母養育子女的時間，比大多數的哺乳動物都來得長。世界各地的人類在身高、體重、外表等方面，有著很大的差異。

延伸閱讀
認識人類的近親紅毛猩猩（130－131頁），牠們也會長期照顧後代。

懷孕

胎兒要在母親體內成長發育九個月才會出生。胎兒在 12 週大時開始長出指甲，24 週大就能辨認母親的聲音，再過一個月，頭髮便開始生長，眼瞼也可以張開。

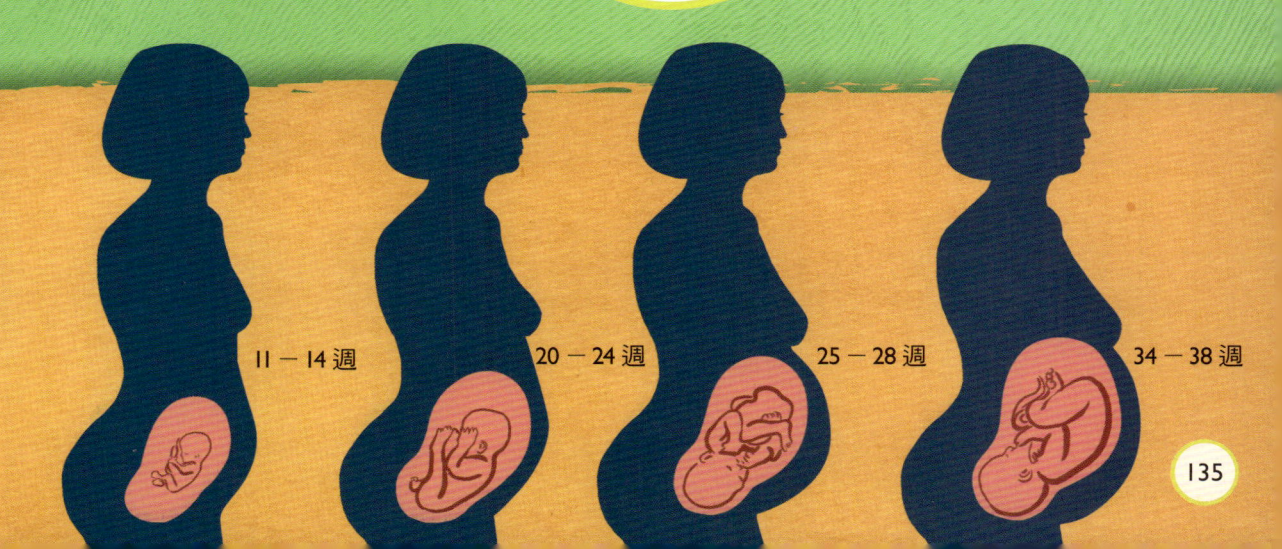

11－14 週　　20－24 週　　25－28 週　　34－38 週

人類對地球生物的影響

我們人類對地球帶來了許多嚴重影響。為了提供家庭和城市所需要的電力，我們燃燒化石燃料，但同時也產生了大量廢棄物。我們一直在消耗地球資源，就好像資源是無限的一樣，這也讓各種動植物陷入生存危機。然而，只要改變我們的行為，就能幫助其他生物的生命週期延續下去。

汙染

隨著人口增加，我們消耗了更多資源，產生更多的廢棄物。汽車、工廠和垃圾汙染了空氣、土地與海洋，也傷害到生活其中的動植物。塑膠垃圾最終流入海洋，被海洋生物吃下肚，對牠們本身和以牠們為食的動物都造成傷害。

問題……

暖化

當我們燃燒化石燃料來產生能源時，會讓大氣中的碳含量增加。這會導致全球暖化，也就是讓世界各地的氣溫升高，對環境產生巨大的影響。

……和對策

綠色能源
透過新的科技，我們可以在產生能源的同時避免加劇全球暖化及增加汙染。環境友善的能源又稱「綠色」能源，包括風力、潮汐和太陽。

棲地破壞
約有 30%的土地被人類用來生產食物、動物飼料和能源。人類為了開拓更多土地而砍伐森林，這種行為稱為毀林，已經導致將近一半的樹木消失，也讓許多動植物的家園面臨威脅。

野生農業
我們可以種植多樣化的作物，並為鳥類和授粉者（幫助植物受精的動物）恢復棲息地，讓當地的動植物種類變得更豐富。這種做法稱為野生農業。

狩獵
獵人為了取得象牙而獵殺大象，為了皮毛和骨頭而獵捕老虎，為了犀牛角而濫捕犀牛。這種做法每年害死數百萬隻動物，導致許多物種消失，也就是滅絕。

減少廢棄物
回收是將廢棄物轉化為新材料的過程。我們可以重複利用物品，不要隨便丟棄，再加上做好回收工作，就能節約資源及保護環境。

每天都有物種因為人類活動而滅絕。

137

詞彙表

腹部 動物身體的一部分，包含消化器官和生殖器官。

藻類 一群類似植物的簡單生物，可以利用陽光的能量自己製造食物。

異親育幼 成年個體照顧並非自己所生的幼年動物。

溯河洄游 用於描述從鹹水遷移到淡水產卵的魚類，例如鮭魚。

無性生殖 只涉及單一親代的生殖方式。

大氣 一層環繞行星的氣體。

黑矮星 白矮星冷卻後的黑暗殘骸。

黑洞 在太空中，重力強大到連光都無法逃脫的區域。當一顆巨大的恆星塌陷時，就會形成黑洞。

繁殖 透過交配產生後代（幼體）。

蛹殼 蝴蝶或蛾在化蛹階段的形態。

複製生物 完全複製親代基因的植物或動物，是透過無性生殖產生的。

繭 用絲製成的外殼，可在昆蟲化蛹時提供保護。

群體 一群緊密生活在一起的同類生物。

片利共生 兩個物種之間的一種共生關係，其中一方受益，另一方既沒有受益也沒有受到傷害。

保育 為了保護自然界所做的事情。

求偶 雄性和雌性動物在交配之前為了建立關係所做的行為。

地殼 地球最外圍的堅硬表層。

落葉植物 落葉植物會在某個時期掉光所有的葉子，變得光禿禿的，到了隔年就會長出新葉。

分解 腐敗或腐爛。動物和植物死後，遺骸會分解。

核果 肉質的果實，裡面通常含有像石頭一樣的堅硬種子。椰子、李子、櫻桃和桃子都屬於核果。

卵／蛋 雌性動物的生殖細胞受精之後，發育成新的個體。有些卵是在母親體內發育，有些則是產出體外孵化。鳥類和爬蟲類的蛋有蛋殼包覆。

卵細胞 雌性的生殖細胞。

胚胎 動物或植物發育的早期階段。

瀕危 很有可能滅絕（意即整個物種完全消失）。

侵蝕 岩石受到風、流水或冰河移動的磨損，蝕出的物質被帶走。

蒸發 液體變成氣體。

常綠植物 會持續落葉並重新長出葉子的植物，這類植物全年都有葉子。

外骨骼 覆蓋在某些動物身體外側的堅硬骨骼。

受精 雄性和雌性的生殖細胞融合（結合）在一起，創造出新的生命。

胎兒 尚未出生且處於發育後期的哺乳動物。

果實 花朵的雌性組織成熟後形成的器官，裡面包含種子。有些果實擁有多汁的果肉，可以吸引動物來吃，幫忙散播種子。

真菌 一個生物類群，會從周圍的生物或生物遺骸吸收食物。

星系 由恆星、氣體和塵埃組成的巨大結構。

發芽／萌發 種子開始生長。

雌雄同體 同時擁有雄性和雌性生殖器官的生物。蚯蚓就是雌雄同體。

冬眠 一種類似睡眠的狀態，可以幫助動物度過冬天。

寄主 為寄生生物提供食物的生物。

火成岩 岩漿在地下冷卻或熔岩在地表凝固時形成的岩石。

孵化 讓蛋保持溫暖，直到準備孵出。

幼蟲 外觀與父母完全不同的動物幼體，經由完全變態轉變為成蟲。

熔岩 火山爆發時噴發到地表的滾燙岩漿。

胎仔數 動物在同一胎次產下的幼體數量。

岩漿 位於地表之下，熾熱到熔化的岩石。

乳腺 雌性哺乳動物的身體部位，可以分泌乳汁來餵養寶寶。

地函 位於地球外層的地殼和內層的地核之間，柔軟而容易變形的內層。

交配 雄性和雌性動物在有性生殖的過程中結合的行為。

薄膜 薄薄的隔絕結構。

變質岩 原有的岩石受到高溫和壓力作用，而形成的新岩石。

變態 當動物從幼體成長為成體時，形態發生巨大變化的過程。

遷徙 動物為了繁殖或覓食，隨著季節變化前往其他地方的行為。

蛻皮 動物為了成長而定期換掉表皮的行為。

星雲 太空中巨大的氣體和塵埃雲。

花蜜 花朵產生的含糖液體，用於吸引授粉動物。

堅果 堅硬的乾果，裡面含有一枚種子。

養分 生物為了生存及成長而吸收的物質。

若蟲 看起來與父母相似，但沒有翅膀且不能繁殖的幼蟲。若蟲是以不完全變態的方式發育。

盤古大陸 大約存在於3億2千年到2億年前，尚未分裂的超級大陸。

寄生生物 生活在另一個物種（宿主）身上或體內的生物。

孤雌生殖 無性生殖的一種，後代由未受精的雌性生殖細胞發育而來，是親代的複製生物。

群隊 海豚或鯨魚等海洋哺乳動物所組成的群體。

授粉 花粉從花朵的雄性生殖器官轉移到雌性生殖器官上。授粉是花朵進行有性生殖的關鍵過程。

珊瑚蟲 身體呈空心圓柱形，口部周圍有一圈觸手的海洋動物。珊瑚蟲是珊瑚生命週期的其中一個階段。

掠食者 會殺死並吃掉其他動物的動物。

獵物 被其他動物殺死並吃掉的動物。

喙管 長而靈活的喙或口器。蝴蝶和蛾會用喙管從花朵中吸取花蜜。

原恆星 當高溫熾熱、不停旋轉的氣體和塵埃團中發生核反應時，所形成的年輕恆星。

蛹 某些昆蟲生命週期中的休眠階段，在這段期間，牠們會完全改變形態（變態），從幼蟲發育為成蟲。

紅巨星 巨大、明亮而偏紅的恆星，表面溫度較低。

生殖 繁殖後代（子代）。生殖可分為有性生殖和無性生殖兩大類。

沉積物 沉積在湖底、河床和海床上的微小岩石、生物殘骸或化學沉積物。

沉積岩 由沉積物構成的岩石。許多層的沉積物被擠壓並膠結在一起，直到形成岩石。

種子 含有植物胚胎和營養物質的結構。

生殖細胞 參與生殖過程的細胞，分為雄性（精細胞）和雌性（卵細胞）。

有性生殖 由雌雄兩性親代進行的生殖方式。

精子 雄性的生殖細胞。

孢子 由真菌或植物產生的單一細胞，可以成長為新的個體。

超級大陸 由地球上全部或大部分的大陸所組成的一片廣闊陸塊。

蝌蚪 青蛙或蟾蜍的幼體。蝌蚪沒有肺部，透過鰓來呼吸，並有一條長尾巴。

板塊 像拼圖一樣構成地球堅硬外殼的構造。

地盤 一隻動物為了抵禦競爭對手所占有的區域。

臍帶 在未出生的動物胎兒與母體之間輸送血液的長條聯繫結構。

子宮 雌性哺乳動物的身體器官，用來讓胎兒發育，直到出生。

風化 岩石和礦物被磨損成沉積物的過程。

白矮星 中等大小的恆星死亡後留下的核心，密度非常高，散發餘熱和光。

索引

英文
DNA 46、47
V 形谷 36

ㄅ
巴氏豆丁海馬 93
白堊紀 97
白矮星 12
白蟻 127
北美竹節螳 84
北太平洋巨型章魚 70、71
北極海 125
北極熊 124 – 125、136
北極燕鷗 113
孢子 7、44、46、50、52、53
豹斑海豹 109
斑馬 122 – 123
斑馬家庭 122
斑馬群 122 – 123
斑頭雁 112
斑尾塍鷸 112
板龍 96
板塊 22、23、28、30
蝙蝠 128 – 129
邊鞘 71
扁尾海蛇 103
變態 80、81、82、83、95
變形蟲 46 – 47
變質岩 24、25
變色龍 107
冰雹 32、35
冰河 24、38、41
冰山 38 – 39
冰山崩解 38
病毒 46
哺乳動物 7、44、45、116 – 119、122 – 131、132、135
捕蠅草 64 – 65
不完全變態 82

ㄆ
爬蟲類 44、102 – 107、132
破殼齒 98、102
胚胎 134
盤古大陸 22、23
龐貝古城 31
膨腹海馬 93
膨脹宇宙 11
漂泊信天翁 110 – 111
螵蛸 85
片利共生 60 – 61
蒲公英 60 – 61
瀑布 36、37、86

ㄇ
馬 117
馬勃菌 53
螞蟻 58、59、78 – 79
摩根錐齒獸 44
魔鬼的手指 52
抹香鯨 117
毛毛蟲 80、81
蟒蛇 105
萌發 50、56、64、66
猛暗蛛 85
密西西比河三角洲 37
蜜蜂 79
滅絕 45、96、97、137
敏感的植物（含羞草）65
木星 14

ㄈ
飛行 100、101、110 – 113、128 – 129
費洛蒙 84
繁殖 6
　無性生殖 7、46 – 47、60
　人類 134
　植物 44、50 – 51、64、91
　有性生殖 7、134
氾濫平原 37
分解者 121
糞化石 26、27
糞金龜 121
防禦 113、117
風 34 – 35
風力傳播種子 61
風化 24、29
蜂類 51、58 – 59、65、79、137
蜂巢 79
孵卵斑 108、109
孵化 102、108、131
浮游動物 91
浮游生物 71、90、91
蜉蝣 83
輻射 10、19
腐爛 6、40、53、63
負鼠 119
複製生物 61、84
復育 73、102

ㄉ
達爾文蛙 95
大爆炸 10、11
大陸／大洲 22 – 23
大規模滅絕 97
大慧星風蘭 59
大氣 32、40、136
大西洋 23
大西洋中洋脊 23
大象 131
大王花 66 – 67
袋熊 119
袋鼠 118 – 119
淡水 86
誕生 6
　蝙蝠 129
　人類 134
　裸鼴鼠 126
　紅毛猩猩 130
　北極熊 124
河流 36
海馬 93
恆星 12

斑馬 122
瞪羚 121
狄金森蠕蟲 42
地球 6、11、14、15、16、20 – 47
地震 23
地鼠穴龜 99
帝王斑蝶 80 – 81
電子 10
定居 133
毒蠅傘 52 – 53
冬眠 106、107、128、129
洞穴 98、99、126 – 127
動物 6、7、68 – 131
　人類的影響 136、137
　地球上的生物 42 – 45
動物後代
　小海豚 116、117
　小翼龍 101
　雛鳥／幼鳥 109、110、112 – 113、114、115、131
　幼熊 124 – 125
　幼駒 117、122、123
　稚鮭 90
　海馬苗 93
　人類嬰兒 134 – 135
　小袋鼠 118、119
　幼獸 88 – 89、124、128、129
動物傳播種子 62、67

ㄊ
特亞 16
苔蘚 7、43、50
胎生蜥蜴 106 – 107
胎仔數 88、126
太平洋 91
太空 6、8 – 19、29
太陽 12、14 – 15、16、19
太陽風 19
太陽系 14 – 15
頭冠 100

彈塗魚 89
碳 40–41、136
螳螂 84–85
藤蔓 66
條紋蓋刺魚 73
跳舞 114
天然堤 37
天王星 14
禿鷹 121
土星 14
蛻皮／換羽 82、85、109

ㄋ
尼羅河鱷 105
泥壺蜂 79
擬態章魚 71
擬蠍 61
鳥類 39、45、55、97、99、108–115
尿液 94、118
牛椋鳥 123
牛羚 123
牛軛湖 37
黏菌 46
凝結 32
檸檬鯊 88–89
農業 133、137

ㄌ
雷雨 34、35
老年 135
老鷹 121
蘭德氏後頜魚 93
蘭花 58–59
蘭花蜂 58
欖蠵龜 102
理毛 111
鬣狗 121
磷蝦 39
椋鳥 113
兩棲類 44、94–95
齡期 82
靈長類 45、130–131
羅塞塔號太空探測器 18
裸鼴鼠 126–127
裸鼴鼠女王 126
洛磯山脈 22
落葉樹 63

ㄍ
卵 6、7、68
　兩棲類 94–95
　鳥類 108–109、110、111、112、114、131
　珊瑚 72
　恐龍 98–99
　蚯蚓 74、75
　魚類 88–90、92–93
　人類 134
　昆蟲 66、78–85
　哺乳動物 45、124
　章魚 70、71
　植物 50、54
　翼龍 100、101
　爬蟲類 44、102–107
　蜘蛛 76–77
卵黃囊 90
卵繭／繭 5、74、81
隆頭蛛 77
龍捲風 34–35
龍舌蘭 91
綠蠵龜 102–103
綠洲 100
綠色能源 41、137

ㄍ
鴿子 124
蓋刺魚 73、74
根 55、57、58、60
根莖 64
古柏帶 18、19
古生物學家 26、27
果實 51、56、57、62、67
龜類 44、99
軌道 14–15、17、19
冠海豹 124
光合作用 40、62
工具 131、132、133

ㄎ
蝌蚪 94、95
凱瓦翼龍 100-101
口哨 117
夸克 10
寬吻海豚 116–117
昆蟲 43、64–65、78–85、121
礦物質 25、26、27

ㄏ
空飄行為 77
恐龍 18、26–27、44、45、96–99、101
恐龍形類 96

ㄏ
哈伯太空望遠鏡 11
河 6、24、29、33、36–37、86、90、91
核果 57
褐色園丁鳥 115
海豹 109、124、125
海馬 92–93
海豚 116–117
海豚群隊 116、117
海龜 102–103
海葵 73
海藻 43
海岸動物 87
海洋 22、23
　碳循環 40
　魚類 88–93
　地球上的生物 42、43、44
　水中的生物 86-87
　深海山脈 29
　岩石循環 25
　傳播種子 56
　海龜 102–103
　水循環 32–33
海鸚 99
海王星 14
黑背胡狼 111
黑寡婦蜘蛛 85
黑冠長臂猿 111
黑犀牛 124
黑猩猩 132
黑矮星 12
喉囊／育兒袋／孵卵斑／育兒袋
　喉囊（軍艦鳥）114
　育兒袋（袋鼠）118、119
　孵卵斑（企鵝）108–109
　育兒袋（海馬）92–93
含羞草 65
寒武紀大爆發 42、43
恆星 6、10–11、12–13
呼吸 41
狐　120、126

胡蜂 66、79
湖泊 86、90
蝴蝶 80–81
琥珀 27
花 44、45、51、57–60、62、65–67
化學吸引力 70
化石 22、26–27、29、83、99、100、101
化石燃料 40、41、136
樺樹 52
火星 14
火成岩 24、25
火山 7、24、30–31、97
火山爆發 30、45、97
懷孕 135
　延遲懷孕 124、129
灰熊 91
回收 137
回聲定位 128–129
毀林 40、57、137
彗星 6、15、17、18–19
彗尾 18
喙管 81
環帶 75
皇帝企鵝 108–109
蝗蟲 121
紅毛猩猩 130–131、132
紅鉤吻鮭 90–91
紅鶴 101
紅巨星 13
紅樹林 86、88–89
紅耳泥龜 103

ㄐ
極地動物 87
脊椎動物 43
寄生蟲 66、123
加利福尼亞兀鷲 131
家鼠 60
家燕 112–113
傑克森變色龍 107
交配
　兩棲類 94
　鳥類 108、111、112、114–115
　恐龍 99
　蚯蚓 75

141

魚類 88、92
昆蟲 83、84
哺乳動物 116、118、122、124 – 125、127、129、130
章魚 70 – 71
翼龍 100
爬蟲類 102 – 103、105、106
蜘蛛 76、85
角蜂眉蘭 59
角龍 97
絞殺榕 66
堅果 62
劍龍 26、96、97
金星 14、15、29
精子 68、72、75、94、134
鯨魚 87、117
菊石 29
巨型陸龜 44
巨型紅杉 54 – 55
巨人堤道 31
聚集取暖 109
颶風 35
掘奔龍 98 – 99
蕨類植物 7、50
軍艦鳥 114
菌絲 52、53
菌絲體 53

ㄑ

棲地破壞 137
棲所 128 – 129
奇異盜蛛 76
鰭狀肢 102、103
企鵝 38、39、108 – 109
氣態巨行星 14、15
氣體 10、11、12、14
氣候變遷 41、45
喬治‧勒梅特 11
蚯蚓 74 – 75
求偶
　園丁鳥 114 – 115
　蜥蜴 106
　企鵝 108
　極地鳥類 124
　海馬 92
　燕子 112

求偶亭 114 – 115
毬果 50、54
遷徙
　人類 133
　檸檬鯊 88
　帝王斑蝶 81
　塞倫蓋蒂 122、123
　紅鉤吻鮭 91
　燕子 112 – 113
　乳汁 44、116、118、123、124、125
潛水 109
侵蝕 24、29、31、36、39
親密磨蹭 122
青春期 134
青少年 134
蜻蜓 82 – 83
曲流 36
全球暖化 136
拳擊 119
群體
　螞蟻 78 – 79
　蝙蝠 128 – 129
　鳥類 101
　珊瑚 72 – 73、86
　裸鼴鼠 126 – 127
群體生活
　螞蟻 78 – 79
　蝙蝠 128 – 129
　鳥類 101
　海豚 116、117
　袋鼠 119
　裸鼴鼠 126 – 127
　斑馬 122 – 123

ㄒ

吸血蝙蝠 128
犀牛 124、137
溪 33、36、86、90
蜥腳類恐龍 97
蜥蜴 106 – 107
喜馬拉雅山 28、112
細胞核 46、47
細胞質 46
細菌 42、46、121
蠍子 77、121
消費者 120
小袋鼠 118、119

小海豚 116、117
小行星 14、15、17、45、97
小丑魚 73
休眠 63
休火山 31
信天翁 110 – 111
響尾蛇 105
橡皮蛹 106
橡實 62、63
橡樹 62 – 63
星系 11
行星 6、11、14 – 15、29
行星狀星雲 12、13
雪 32、33、36、38
蕈菇 52 – 53
雄蟻 79

ㄓ

支流 36
蜘蛛 76 – 77、85
直立行走 132
直接產下後代
　海豚 116、117
　哺乳動物 44
　爬蟲類 105、106、107
　海馬 93
　鯊魚 88 – 89
植食性動物 120
植物 6、7、48 – 67
　碳循環 40
　食物鏈 120、121
　人類的影響 136、137
　地球上的生物 43、44
　水循環 32
質子 10
智人 45、135
沼澤 37、86
展示
　鳥類 45、112、114 – 115
　恐龍 96
　螳螂 84
　翼龍 100
真菌 7、49、52 – 53、63
枕狀熔岩 30
章魚 70 – 71
蒸發 32、33
侏羅紀 96
豬籠草 65

桌狀冰山 38
錐齒鯊 88
撞擊坑 18
中年 135
中生代 96
中子 10
種子 7、44、50 – 51、54、56 – 57、59、60 – 61、62、64、66 – 67
重力 10、11、12、14、15、16、17、18、19

ㄔ

超級大陸 22
巢
　鳥類 110、112、114、131
　恐龍 99
　魚類 90
　昆蟲 78 – 79、127
　哺乳動物 126、130、131
　翼龍 100
　爬蟲類 102、103、104、105
巢穴 124
潮汐 17
產婆蟾 95
產卵 91
沉積岩 24、25、27
沉積物 26、37
塵捲風 35
塵埃 12、14 – 15、18
長頸鹿 123
常綠樹 54 – 57
成長 6
船蛸 71

ㄕ

獅子 121
濕地 37、86
食腐動物 121
食蟲植物 64 – 65
食物鏈 120 – 121
食物網 120
始祖鳥 45
適居帶 15
沙漠 33
沙灘 25、37
沙蠶 74

142

鯊魚 43、88-89
蛇 103、104-105、106
麝牛 117
受精 7、50、59、62、68、72、83、90、92、124、134
狩獵 133、137
授粉 6、7、44、50、51、54、56、58-59、64
山 6、22、28-29
珊瑚 72-73、86
珊瑚礁 72-73、86
珊瑚蟲 73、86
閃電 35
深海棲地 87
生命週期 6-7
生痕化石 27
生產者 120
生物
　生存的條件 15
　地球上的生物 42-45、136-137
昇華 19
聖母峰 29
樹 43、50-51、54-57、62-63
水 15、32-33、37
水星 14、15
水循環 32-33
水蒸氣 32
水中的生物 86-95
水蠆 82、83

ㄖ
日本鰻鱺 91
日食 16
肉食性動物 120
人類 45、132-137
人類的影響 136-137
人類嬰兒 134-135
蠕蟲 74-75、121
乳頭 117、118、119
乳腺 118
若蟲 85
熔岩 7、24、25、30、31
融合 14
融化 39、41、136
蠑螈 95

ㄗ
資源 136
仔鮭 90
藻類 39、43、46、87
造紙胡蜂 79
棕櫚油 57

ㄘ
雌雄同體 75
刺毛 64
草莓箭毒蛙 94-95
草原田鼠 111

ㄙ
絲 76-77、81
死火山 31
死亡 6
　碳循環 40
　食物鏈 121
　化石 26
　真菌 53
　蜉蝣 83
　章魚 70
　鮭魚 90、91
　蜘蛛 76
　恆星 12
　樹 55
鰓 53、83、86、95
塞倫蓋蒂 122-123
三疊紀 96
三角龍 97
三角洲 37
散斑角蝸牛 74
森林 43、53
森林火災 99
塑膠垃圾 136
溯河洄游 91

ㄛ
蛾 81、129
鱷魚 105、106

ㄞ
矮行星 14

ㄢ
安地斯山脈 29

ㄦ
兒童期 134
二氧化碳 40、41

一
蟻后 78
異特龍 96
異親育幼 117
翼龍 100-101
鴨嘴龍 97
鴨嘴獸 45
亞馬遜王蓮 59
椰子樹 56-57
椰葉 56
野生農業 137
葉綠素 121
葉子 62-63
幽靈蛛 76
油夷鯊 43
遊隼 115
有袋類 118-119
有性生殖 7、134
幼鮭 90、91
幼駒 117、122、123
幼熊 124-125
幼蟲 72、73、78、79、80、83
幼獸 88-89、124、128、129
岩漿 24、30、31
岩石 6、7、24-25、40
岩石行星 14
鹽田 33
眼鏡王蛇 104-105
演化 6、44、132、133
鼴鼠 126
銀河 11
鯽魚 61
陽光 120
養分 6、53、60、64、66、84、85、120
嬰兒期 134

ㄨ
汙染 73、136
無性生殖 7、46、47、60
無尾熊 119
霧 33
蛙類 94-95
外骨骼 77、82
威爾森氏麗色天堂鳥 115
微生物 42
維多利亞瀑布 37
衛星 11、14
餵養後代
　鳥類 109、110、112
　哺乳動物 44、116、118、119、123、124、125
灣鱷 106
腕龍 96
溫室氣體 40
蚊子 83
網 76

ㄩ
魚類 7、39、43、73、87、88-93
魚龍 44
宇宙 10-11
雨 32、33、35、36、86
雨林 40、43、94-95、96
育幼
　兩棲類 95
　鳥類 109、110、111、112、124
　恐龍 98
　魚類 92-93
　人類 134-135
　雄性 92、93、94、108-109、110
　哺乳動物 109、111、116-119、123、124、126、129、130-131
育幼地 88
育幼群 116、117
月海 16
月球 16-17、29
原恆星 12
園丁鳥 114-115
圓眼燕魚 89
雲 32、33
隕石 18
蛹 78、79、80、81、83
蛹殼 80-81

143

致謝

出版商感謝以下單位的友善允許，讓我們得以重製他們的照片：
（註：a-上方；b-下方/底部；c-中央；f-遠處；l-左側；r-右側；t-頂部）

11 Alamy Stock Photo: Granger Historical Picture Archive (cra). **NASA:** JPL / STScI Hubble Deep Field Team (cr). **12 Dorling Kindersley:** NASA (bc). **NASA:** NASA Goddard (br). **16 NASA:** Aubrey Gemignani (br); JPL / USGS (bc). **18 Getty Images:** Chris Saulit (cla). **NASA:** ESA (bl). **22 Dorling Kindersley:** Natural History Museum, London (bc). **Dreamstime.com:** Mikepratt (br). **23 Dorling Kindersley:** Katy Williamson (bc). **Dreamstime.com:** Yekaixp (br). **25 123RF.com:** welcomia (cra). **26 Dorling Kindersley:** Dorset Dinosaur Museum (br); Royal Tyrrell Museum of Palaeontology, Alberta, Canada (bc). **27 123RF.com:** Camilo Maranchón García (br). **Dreamstime.com:** Likrista82 (br). **29 Dreamstime.com:** Toniflap (cra). **30 Alamy Stock Photo:** Nature Picture Library (br). **Dreamstime.com:** Kelpfish (bc). **31 Dorling Kindersley:** Museo Archeologico Nazionale di Napoli (br). **Dreamstime.com:** Dariophotography (cl). **33 Alamy Stock Photo:** Peter Eastland (cr). **Dreamstime.com:** Anizza (cra); Yurasova (br). **35 Dreamstime.com:** Benjaminboeckle (cr); John Sirlin (cra). **NASA:** Jesse Allen, Earth Observatory, using data provided courtesy of the MODIS Rapid Response team (br). **37 Alamy Stock Photo:** Tsado (br). **iStockphoto.com:** Francesco Ricca Iacomino (cra). **38 Dreamstime.com:** Rudolf Ernst (bl). **NASA:** Jeremy Harbeck (bc). **39 Dreamstime.com:** Staphy (br). **40 Dorling Kindersley:** Oxford University Museum of Natural History (br). **Dreamstime.com:** Kseniya Ragozina (bc). **41 Dreamstime.com:** Michal Balada (bc); Delstudio (br). **42 Alamy Stock Photo:** Universal Images Group North America LLC / DeAgostini (cb). **43 Dreamstime.com:** Digitalimagined (cl); Michael Valos (clb). **44 123RF.com:** Pablo Hidalgo (clb). **Dreamstime.com:** Danakow (tr). **45 Dreamstime.com:** Johncarnemolla (c). **46 Science Photo Library:** Biozentrum, University Of Basel (bl); Dr. Richard Kessel & Dr. Gene Shih, Visuals Unlimited (cla); Steve Gschmeissner (cl). **50 Alamy Stock Photo:** Krusty / Stockimo (ca). **Dreamstime.com:** Anest (cb); Hilmawan Nurhatmadi (clb); Martingraf (br). **51 Alamy Stock Photo:** Colin Harris / era-images (c). **Dreamstime.com:** Paulgrecaud (tr). **52 Dreamstime.com:** Alima007 (br). **Getty Images:** Ashley Cooper (bc). **53 123RF.com:** avtg (br). **Dreamstime.com:** Mykhailo Pavlenko (bc). **55 Dreamstime.com:** Luca Luigi Chiaretti (crb); Hotshotsworldwide (tr). **57 Alamy Stock Photo:** Stanislav Halcin (cr). **59 Alamy Stock Photo:** imageBROKER (cr); Nathaniel Noir (cra). **60-61 Dreamstime.com:** Fiona Ayerst (b). **61 Dreamstime.com:** Ryszard Laskowski (bc). **62 Dreamstime.com:** Max5128 (br); Photodynamx (bc). **63 Dreamstime.com:** Jukka Palm (bl). **65 Dreamstime.com:** Peerapun Jodking (cra). **66 Alamy Stock Photo:** Rick & Nora Bowers (bl); Travelib Prime (cla). **71 123RF.com:** Andrea Izzotti (cr). **Dreamstime.com:** Stephankerkhofs (cra). **Getty Images:** Auscape / Universal Images Group (br). **73 Alamy Stock Photo:** F.Bettex - Mysterra.org (cr). **Dreamstime.com:** Jeremy Brown (br); Secondshot (cra). **74 Dorling Kindersley:** Jerry Young (cl). **Dreamstime.com:** Benoit Daoust / Anoucketbenoit (bl). **76 Dreamstime.com:** Rod Hill (tr). **naturepl.com:** Premaphotos (tc). **77 Alamy Stock Photo:** Blickwinkel (tc). **Dreamstime.com:** Geza Farkas (tr). **79 Alamy Stock Photo:** NaturePics (tr). **81 Dreamstime.com:** Isabelle O'hara (cra). **Getty Images:** De Agostini Picture Library (br). **83 Alamy Stock Photo:** Tom Stack (cra). **Dreamstime.com:** Isselee (br). **84 Alamy Stock Photo:** National Geographic Image Collection (br). **85 Dorling Kindersley:** Jerry Young (br). **naturepl.com:** Premaphotos (bc). **86 Dreamstime.com:** Seadam (crb). **naturepl.com:** Alex Mustard (tr); Doug Perrine (cl). **87 naturepl.com:** Uri Golman (tc); Norbert Wu (cl); Pascal Kobeh (cr). **88 Alamy Stock Photo:** Image Source (br). **89 Alamy Stock Photo:** Ross Armstrong (bc). **Dreamstime.com:** Nic9899 (br). **91 123RF.com:** Michal Kadleček / majk76 (br). **Alamy Stock Photo:** imageBROKER (cr). **93 123RF.com:** David Pincus (br). **Alamy Stock Photo:** Helmut Corneli (br); David Fleetham (br). **95 Alamy Stock Photo:** Minden Pictures (br); Nature Photographers Ltd (br). **99 Dreamstime.com:** Altaoosthuizen (cra); William Wise (cr); Elantsev (br). **100 123RF.com:** Iurii Buriak (br). **101 Getty Images:** Frans Sellies (br). **102 Dreamstime.com:** Asnidamarwani (br); Patryk Kosmider (bc). **105 Alamy Stock Photo:** Avalon / Photoshot License (br). **Dreamstime.com:** Maria Dryfhout / 14ktgold (br). **106 FLPA:** Mike Parry (bc). **107 Dreamstime.com:** Melanie Kowasic (br). **109 Getty Images:** Fuse (cra); Eastcott and Yva Momatiuk / National Geographic (br); Paul Nicklen / National Geographic (cr). **111 Dreamstime.com:** Isselee (cra). **naturepl.com:** Yva Momatiuk & John Eastcott (cr). **112 Dreamstime.com:** Menno67 (bc); Wildlife World (br). **113 Alamy Stock Photo:** Avalon / Photoshot License (bc). **114 Dreamstime.com:** Mikelane45 (bc); Mogens Trolle / Mtrolle (br). **115 FLPA:** Otto Plantema / Minden Pictures (br). **117 Alamy Stock Photo:** Reinhard Dirscherl (cra). **Dorling Kindersley:** Jerry Young (cr). **naturepl.com:** Matthias Breiter (br). **119 123RF.com:** Eric Isselee / isselee (br). **Alamy Stock Photo:** All Canada Photos (cr). **Dreamstime.com:** Marco Tomasini / Marco3t (cra). **120 Dreamstime.com:** Tropper2000 (cra). **121 123RF.com:** Andrea Marzorati (tl); Anek Suwannaphoom (ca). **Dreamstime.com:** Ecophoto (cl); Simon Fletcher (cr). **iStockphoto.com:** S. Greg Panosian (tr). **123 123RF.com:** mhgallery (cr). **Dreamstime.com:** Chayaporn Suphavilai / Chaysuph (br); Mikelane45 (cra). **124 Alamy Stock Photo:** Arco Images GmbH (cla). **Dreamstime.com:** Khunaspix (bl). **126 Corbis:** image100 (bc). **127 Dreamstime.com:** Volodymyr Byrdyak (br); Trichopcmu (br). **128 Dorling Kindersley:** Jerry Young (clb). **129 naturepl.com:** John Abbott (bl). **131 123RF.com:** Duncan Noakes (cr). **Dreamstime.com:** Rinus Baak / Rinusbaak (tr). **132 123RF.com:** Uriadnikov Sergei (c). **134 Science Photo Library:** Dr G. Moscoso (br). **136 Dreamstime.com:** Smithore (cr); Alexey Sedov (cl). **137 123RF.com:** gradts (cra); Teerayut Ninsiri (cr). **Dreamstime.com:** Cathywithers (clb); Elantsev (tl); Oksix (br)

All other images © Dorling Kindersley

DK 出版社致謝：

特此感謝 Caroline Hunt 校稿、Helen Peters 編列索引、Sam Priddy 的編輯整理，以及 Nidhi Mehra 和 Romi Chakraborty 協助完成高解析度影像處理。

關於繪者

山姆・福克納（Sam Falconer）

插畫家，對於科學和深時（deep time）特別有興趣，曾為《國家地理》、《科學人》和《新科學人》等刊物繪製插圖。這是他的第一本童書。

譯者簡介

黃于薇

畢業於成功大學外文系，現為文字手工業者，每日編織譯文，餵養書稿，育有二貓一子。譯有《新昆蟲飲食運動：讓地球永續的食物？》、《母性是本能？最新科學角度解密媽媽基因》和《皮膚微生物群：護膚、細菌與肥皂，你所不知道的新科學》（皆為紅樹林出版）。

賜教信箱：ankhmeow@gmail.com